無添加・超溫和・安心皂

U0006981

30款最想手作天然手工皂

新配方
修訂版

娜娜媽不藏私的經典配方大公開

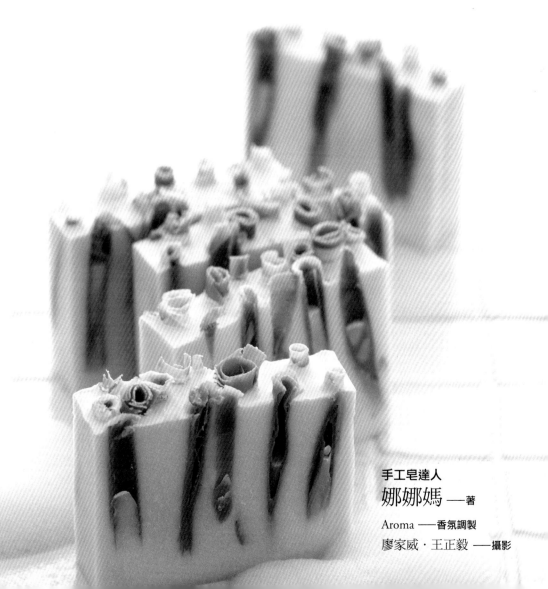

手工皂達人
娜娜媽 —— 著

Aroma —— 香氛調製

廖家威・王正毅 —— 攝影

皂友感動分享

| 皂友 | 黃紫嫻

　　偶然機會下，看到娜娜媽之前出版的手工皂書，分享手工皂「可以改善濕疹、異位性皮膚炎、足癬等皮膚問題」，讓我也開始嘗試作皂，因為上述皮膚問題也都是我的困擾，希望藉由手工皂回歸到最基本的清潔方式，早日拋棄皮膚藥膏。

　　娜娜媽的手工皂教學簡單易懂，從準備材料、步驟操作說明清楚之外，還有小技巧提醒，各式噴霧、護手霜等等各種生活上都用得到的保養品教學，是意料之外的寶庫啊！

　　現在我使用的保養品愈來愈簡單，梳妝台的瓶罐不知不覺慢慢減少了，**自製保養品、手工皂是在清楚知道各種材料與成分之下做的，讓問題肌膚受未知成分影響的風險大大降低**，相信將來我可以慢慢丟棄那些藥膏了！

　　希望在娜娜媽的教導帶領之下，大家能慢慢走向無毒家用清潔保養品的時代，愛家園也愛地球。好期待娜娜媽的新書！

| 皂友 | 超人麻

　　有了孩子以後，就會想著給孩子最好的，最好的當然更希望是最天然的，最近很多人都願意為了愛護地球而盡一己之力，手作物再次登上主流之道，會認識娜娜媽是從我第二個兒子出生後，**因為他的皮膚不太好，手掌、腳掌總會紅腫或脫皮，洗了娜娜媽手工皂後就穩定了許多**，也讓我見識到手工皂的神奇之處。

　　後來，因為發現乳癌，頭髮在接受化學治療後，掉到沒剩幾根，娜娜媽寄了她自己調配的洗髮皂給我，當時心裡還想：「洗髮皂，很難洗吧？！」因為一般手工皂不易起泡，已經習慣洗頭髮要整頭都充滿泡泡的我，對於洗髮皂充滿疑慮。

　　而收到皂的那天，已經是治療完的幾週，頭髮開始正要長回來，剛打水要起泡的那一刻，我就發現這洗髮皂真的很威，很容易起泡，也很容易沖洗乾淨，完全和我所預期的不一樣，那種感受很特別，要試過才能知道它的奇妙！

　　擔心市售商品有化學殘留問題的媽媽們，可以動手試試看，娜娜媽的經典配方，真的都很讚！

| Mua Mua Lab 藝術總監 | 林君霓

　　和娜娜媽的手工皂相遇，是在 2007 年的時候。由於女兒是母奶寶寶，喝母奶到五歲，因此家裡有多的過期冷凍母奶，為了替孩子留念而請娜娜媽做成母乳皂，到現在女兒還保存了兩塊，準備將來當嫁妝呢！從此之後，我們也愛上娜娜媽天然溫和的手工皂。

　　使用多年至今，孩子轉眼也已經九歲了。前幾個月，替愛創作的女兒報名了娜娜媽的手工皂課程，孩子在遊戲過程中學到了手工皂的製作方式和相關知識，又很興奮可以將親手做的漂亮手工皂帶回家，送人或自己用都很棒，是很有趣的體驗課程。

　　身為母親，我們能給孩子最好的禮物，除了哺餵母乳，並且依照充滿古人智慧的弟子規教養，還有就是給孩子使用質純溫和、無負擔的天然手工皂清潔肌膚。身心靈多管齊下，相信孩子的將來指日可待！

　　在此非常恭喜娜娜媽又要出書與大家分享了，真的很替她開心！相信娜娜媽秉持著對女兒的愛，熱情跟大家分享手工皂的點點滴滴，一定會讓您收穫良多！我們很榮幸並真誠推薦！娜娜媽的第三本書，希望您也會喜歡！

| 皂友 | 張姿莉

　　生完小孩後，我的雙手因為每每要抱小孩、換尿布、餵奶時，都要洗清一次，後來不曉得怎麼了，我的雙手手臂起了紅疹，又癢又乾又痛，當時有一位朋友是娜娜媽手工皂的愛好者，便拿了一塊「酪梨牛奶保濕皂」讓我試試看，沒想到真的慢慢退紅和退癢。

　　家裡面從沒買過任何手作的書籍，但經過那次後，就開始看一些手工皂書，但唯一買的就是娜娜媽的書，因為可以很簡單明瞭的自己動手做，而且因為我是改用母乳入皂，洗起來感覺真的很棒，滑滑的、不乾燥。

　　自從洗了自己做的酪梨母乳保濕皂後，現在家裡都不買一般市售的香皂，而是全面改成手工皂，如果太忙沒有時間自己做，就和朋友一起合購娜娜媽的手工皂來洗。還沒試過手工皂的朋友們，真的要親自試試看，才會知道大家一洗就愛上的理由！

皮膚是活的，
給什麼它都知道！

市面上的清潔用品為了使用方便或是為了延長使用期限，大部分都會加入很多的化學添加物，但是這樣的產品你能用得安心嗎？你有沒有發現我們週遭的親友們，皮膚問題日益嚴重？

▌讓肌膚回歸到最單純的清潔方式

「皮膚是活的，給什麼它都知道！」投入作皂這11年以來，娜娜媽看到許多朋友深受皮膚不適的困擾，而且比例越來越高、情況也越來越嚴重，大家是否應該重新檢視我們每天貼身使用的清潔用品？天天使用下，不好的成分一定會對肌膚造成影響，這絕對不是無關緊要的問題，請大家一定要好好正視！

手工皂其實並不是多麼神奇的東西，它只是回歸到單純的成

分、天然的配方，並以溫和的冷製法製作，將皮膚清潔乾淨、讓代謝正常，肌膚自然就不會產生問題！很多得了皮膚炎的人改以清水洗澡後，卻發現改善的程度有限，這是因為用水清洗之後，會帶走皮膚上的水分，而油脂卻無法正常代謝、角質也不斷累積，於是肌膚仍會感到乾癢而抓破皮，導致傷口產生、惡性循環！我會請他們試試用天然手工皂清洗，一定會有意想不到的改善。

全程使用「冷製法」，完整保留天然養分

本書一樣是全程使用「冷製法」製作手工皂，因為乳皂如果溫度控制在35℃以下，不但做出來的顏色比較漂亮，也能較完整地保留植物油脂的天然養分。除了作皂必需使用的油脂、氫氧化鈉及水，其他皆採用天然的素材，像是苦瓜水或可可粉等食用色素，甚至連手邊的食材也可以拿來入皂，讓作皂更有趣。

為了親愛的家人，趕快自己動手做做看，不論是媽媽的富貴手、爸爸的冬季乾癢或是小朋友的皮膚炎，自製手工皂清潔效果佳，而且對皮膚不刺激，使用起來比一般市售香皂更加溫和，也不用擔心化學添加物的殘留，一起努力讓皮膚回歸到健康的狀態吧！

娿娿媽

目錄
CONTENTS

PART 1

作皂前的準備

作皂前，你一定要知道的事！

PART 2

美肌潔顏皂

給臉龐最細緻的呵護

PART 3

溫和潔膚皂
用對潔膚皂，身體不乾癢

PART 4

居家清潔皂
安心洗淨，不用擔心化學藥劑殘留

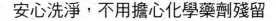

目錄
CONTENTS

PART 5

天然液體皂
擠壓方便，使用更順手

PART 6

造型渲染皂
美麗圖紋，製皂好心情

PART 1 作皂前的準備

作皂前，你一定要知道的事！

油脂種類、水分、氫氧化鈉、粉類、精油……，
了解每個材料的用途與功效，
才能成功打皂，調配出適合自己的配方！

材料，
決定手工皂的品質

固體皂是由「油脂、水分、氫氧化鈉」所構成的，除此之外，如果想讓手工皂更豐富，我們可以添加一些食材、精油等等材料入皂，提升皂的視覺變化與實用效果。

自己動手做手工皂最大的好處，就是可以清楚掌握材料的品質與安全。了解並選擇適合的材料，是做手工皂的第一步喔！

水分 & 乳脂

不管是以水分入皂的手工皂，或是以母乳、牛乳、羊乳等乳脂入皂的乳皂，製作方式是大同小異的。

水分的選擇上，除了利用純水（一定是要煮開的水，切勿使用生水），其他像是利用絲瓜水、花水、胡蘿蔔汁等材料製成冰塊入皂，都相當好！乳皂的好處在於乳中的脂肪成分，有很好的滋潤效果，洗起來會更溫潤舒服。

油脂

手工皂的成分中，油脂占有很大的比例，不但會影響手工皂的洗感與功效，也會影響軟硬度和起泡度，所以油品的選擇相當重要。

任何油品都適合作皂嗎？基本上只要是食用油都可以拿來作皂，但是最好使用單純的油

品，**避免使用調和油，因為調和油較難計算皂化價**，容易影響皂的皂化。
建議使用未精製的油品，不但保留較完整的養分，價格又比已精製的油品
便宜。

油脂種類	功效說明
椰子油	皂的基礎用油，起泡度佳、洗淨力強，若用於肌膚時，添加量建議不要超過總油重的 20%，否則洗後容易感到乾澀。秋冬時，椰子油為固態的油脂，須先隔水加熱後，再與其他液態油脂混合。
棕櫚油	皂的基礎用油，可以提升皂的硬度，使皂不容易軟爛。建議用量占總油重的 30%以內，以免做出來的皂不易起泡。秋冬時，棕櫚油為固態的油脂，須先隔水加熱後，再與其他液態油脂混合。
乳油木果脂	具有修護作用，保濕滋潤度極高，也很適合做護手霜使用。
杏桃核仁油	含有豐富的維生素、礦物質，很適合乾性與敏感性肌膚使用。對於臉上的小斑點、膚色暗沉、蠟黃、乾燥脫皮、敏感發炎等情況能有所改善。
澳洲胡桃油	成分非常類似皮膚的油脂，保濕效果良好，最大的特色是含有很高的棕櫚油酸，可以延緩皮膚及細胞的老化，一般用於作皂時的建議用量為 15% ～ 30%。
橄欖油	起泡度穩定、滋潤度高，它含有天然維生素 E 及非皂化物成分，營養價值較高，能維護肌膚的緊緻與彈性，具有抗老功效，是天然的皮膚保濕劑。通常會選擇初榨（Extra Virgin）橄欖油來製作。
紐西蘭羊毛油	濃度與稠度非常高，且滋潤度高於乳油木果脂，雖然滋潤卻不油膩，用來做成護手霜也很棒！不過因為本身質地很稠，所以用量必需控制不能過多，避免造成快速皂化。
榛果油	具有美白、保濕效果，很適合作為洗臉皂的材料，但泡沫較少。

芒果脂	有極佳的保濕及修護效果，能在皮膚上形成一層保護膜。屬於固態油脂，需加熱後再與液態油脂混合。
棕櫚核仁油	起泡度高，比椰子油溫和，可以取代椰子油使用。
開心果油	有抗老化的效果，對粗糙肌膚的修復效果很好。
甜杏仁油	溫和不刺激，保濕滋潤度佳。適合敏感性或是嬰幼兒的肌膚。
紅棕櫚油	富含天然的胡蘿蔔素和維生素 E，能幫助肌膚修復，改善粗糙膚質，用量控制在總油量的 10% ～ 35% 之內。
篦麻油	有肌膚修護、保濕的作用。用量不要超過總油重的 20%，以免做出來的皂容易軟爛，而且比例太高會提高皂化速度，導致來不及入模。
酪梨油	酪梨油的起泡度穩定、滋潤度高，具有深層清潔的效果。
山茶花油	含有豐富的蛋白質、維生素 A、E，具有高抗氧化物質，用於清潔時，會在肌膚表面形成保護膜，鎖住水分不乾燥，拿來做洗髮皂或是護髮油也很適合。
苦楝油	有很好的殺菌鎮定的效果，可以止癢、舒緩異位性皮膚炎。不過香氣特殊，有些人較無法接受。
馬油	修護性佳，可以幫助肌膚鎖住水分，防止皮膚乾燥龜裂，配合按摩，效果更好。
芥花油	價格便宜、保濕度佳、泡沫穩定細緻，但必須配合其他硬油使用，建議用量在 30% 以下。
橄欖脂	屬於固態油脂，含有天然保濕成分「角鯊烯」，入皂後是洗淨力強又兼顧保濕滋潤的好皂材，但是因為產量少，價格稍微昂貴。
可可脂	屬於固態油脂，聞起來有一股淡淡的巧克力味，保濕滋潤效果佳，非常適合乾燥肌膚使用，做成護唇膏也很適合。
苦茶油	可以刺激毛髮生長，讓頭髮充滿光澤，對於頭髮修護保養很有益處。
米糠油	可抑制黑色素形成，保濕滋潤度高，洗感清爽，高比例使用的話皂體易變黃。

粉類

添加粉類的手工皂，不但可以增加功效，還可以利用分層、渲染的技巧，為手工皂帶來美麗的色彩變化。不過添加粉類時，要先將粉類過篩並均勻攪拌，才不會混合不均喔！

粉類	入皂功效
苦瓜粉	入皂後可增強消炎的功效，並使皂液變成淡綠色。
有機胭脂樹粉	可以抑制細菌生長，預防痘痘，能讓皂液變成深橘色。
低溫艾草粉	具有安神的作用，可用於緩和緊張、幫助睡眠。混入皂液中，可使皂液變成綠色。
粉紅石泥粉	粉紅石泥有輕微去角質的功效，可以讓膚色更明亮，並讓皂液變成粉紅色。
可可粉	可可粉有安定心情、舒緩神經的效果。在做造型皂時，可以讓皂材變成咖啡色。
綠藻粉	富含多種胺基酸及微量元素，具保濕滋潤效果，並可促進細胞再生，入皂後可以讓皂液呈現綠色。
茶樹籽粉	去油汙的效果極佳，入皂液後會變成深褐色，適合添加在家事皂裡。

精油

　　精油在製皂過程中所扮演的角色，可以說具有「畫龍點睛」的效果，一般人拿到手工皂第一件事，就是拿起來聞聞看，若是手工皂不香，接受度通常也就不高。反之，有可能因為味道聞起來很舒服，從此喜歡上手工皂了呢！

真正薰衣草精油	修護肌膚效果佳，用來放鬆舒壓也很棒！
廣藿香精油	可促進傷口癒合及皮膚細胞再生，抗發炎效果佳，對於濕疹、毛孔角化、香港腳等都能有效改善。
胡椒薄荷精油	淡斑、增加皮膚彈性，清涼的感覺對止癢很有幫助。
檸檬精油	可以幫助軟化角質、美白、預防皺紋的功效。
醒目薰衣草精油	促進傷口癒合，有止痛、抗菌的功效。
波本天竺葵精油	有良好的清潔效果，各種膚質皆適用。
伊蘭伊蘭精油	又稱「香水樹」，使用在皮膚上，可以幫助美白肌膚、調節油脂分泌。
羅馬洋甘菊精油	適合敏感肌使用，可以改善濕疹、痘痘和過敏現象。
迷迭香精油	可刺激毛髮生長，有效改善頭皮屑；對皮膚有收斂的效果，適合容易出油的肌膚。
甜橙花精油	能舒緩緊繃的神經，安定煩躁的情緒。
安息香精油	可使疤痕快速癒合，像是嘴唇乾裂、腳底皮膚龜裂都能有效改善。
薄荷精油	有清涼舒適的感覺，可以用來提振精神。
藍膠尤加利精油	幫助傷口癒合，有強力的殺菌和驅蟲功效。
茶樹精油	有抗菌、消炎的效果，能有效抑制痘痘。
山雞椒精油	有收斂、緊實肌膚的效果，適合油性肌膚使用。
檜木精油	可以減輕疲勞、抗憂鬱，促進血液循環。

**專業
調香達人**

入皂香氛注意事項

❶ 入皂香氛材料應挑選信任的商家。
❷ 市售薰香或按摩油等產品不適合入皂，前者含有溶劑、後者含植物油，難以計算皂化價。

台灣香菁生技股份有限公司 調香師
tffservice@gmail.com

Aroma 老師

其他材料

種類	入皂功效
馬鈴薯	入皂後去除油汙效果佳，是製作家事皂的好材料。（見P.90，馬鈴薯去汙皂）
左手香	帶有泥土草地的特殊香氣，具有消炎抗菌的作用，能有效改善異位性皮膚炎和毛孔角化等症狀。（見P.76，左手香洗髮皂）
海鹽	富含礦物質成分，利用海鹽的顆粒能去除身體的老舊細胞，是天然去角質的好幫手。（見P.46，玫瑰海鹽去角質皂）
薄荷腦	入皂後可以增加清潔時的清涼感。（見P.68，薄荷涼爽潔膚皂）
絲瓜絡	加入家事皂中，更方便清洗碗盤；或是加入潔膚皂中，具有去角質的功效。（見P.80，絲瓜絡去角質皂）
橘油	不僅清潔效果佳，更具有天然抑菌與防蟎驅蟲的效果，在使用時還會散發出天然的柑橘香味，用於清潔碗盤或衣物，都有很棒的效果！（見P.94，橘油清潔家事皂）

手工皂配方 DIY

固體皂三要素即為「**油脂、水分、氫氧化鈉**」，這三個要素的添加比例都有其固定的計算方法，只要學會基本的計算方法之後，便可以調配出最適合自己的完美配方。

油脂的計算方式

首先，製作手工皂時，因為需要不同油脂的功效，添加的油品眾多，**必須先估算成品皂的INS硬度，讓INS值落在120～170之間**，做出來的皂才能軟硬度適中。

油脂種類	皂化價 （氫氧化鈉）	INS 硬度	油脂種類	皂化價 （氫氧化鈉）	INS 硬度
椰子油	0.19	258	蓖麻油	0.1286	95
棕櫚油	0.141	145	酪梨油	0.134	99
乳油木果脂	0.128	116	山茶花油	0.1362	108
杏桃核仁油	0.135	91	苦楝油	0.1387	124
澳洲胡桃油	0.139	119	馬油	0.143	100
橄欖油	0.134	109	月見草油	0.1357	30
紐西蘭羊毛油	0.063	77	芥花油	0.1324	56
榛果油	0.1356	94	橄欖脂	0.134	116
芒果脂	0.1371	146	可可脂	0.137	157
棕櫚核仁油	0.156	227	蘆薈油	0.139	97
開心果油	0.1328	92	苦茶油	0.1362	108
甜杏仁油	0.136	97	米糠油	0.128	70

※ 初榨橄欖油和橄欖油的皂化價（氫氧化鈉）、INS 硬度相同。
※ 紅棕櫚油和棕櫚油的皂化價（氫氧化鈉）、INS 硬度相同。

成品皂 INS 值＝（A 油重 × A 油脂的 INS 值）＋（B 油重 × B 油脂的 INS 值）
　　　　　　　＋……÷ 總油重

　　我們以杏桃核仁美白皂的配方（見P.27）為例，配方中包含椰子油
140g、棕櫚油140g、乳油木果脂120g、杏桃核仁油150g、澳洲胡桃油
150g，總油重為700g，其成品杏桃核仁美白皂INS值計算如下：

（椰子油 140g×258）＋（棕櫚油 140g×145）＋（乳油木果脂 120g×116）＋
（杏桃核仁油 150g×91）＋（澳洲胡桃油 150g×119）÷700 ＝ 101840÷700
＝ 145.4857g →四捨五入即為 145。

氫氧化鈉的計算方式

　　估算完 INS 值之後，便可將配方中的每種油脂重量乘以皂化價後相加，
計算出製作固體皂時的氫氧化鈉用量，計算公式如下：

氫氧化鈉用量＝（A 油重 × A 油脂的皂化價）＋（B 油重 × B 油脂的皂化價）＋……

　　我們以杏桃核仁美白皂的配方（見P.27）為例，配方中包含椰子油
140g、棕櫚油140g、乳油木果脂120g、杏桃核仁油150g、澳洲胡桃油
150g，其氫氧化鈉的配量計算如下：

（椰子油 140g×0.19）＋（棕櫚油 140g×0.141）＋（乳油木果脂 120g×0.128）
＋（杏桃核仁油 150g×0.135）＋（澳洲胡桃油 150g×0.139）＝ 26.6 ＋ 19.74
＋ 15.36 ＋ 20.25 ＋ 20.85 ＝ 102.8g →四捨五入即為103g。

水分的計算方式

　　算出氫氧化鈉的用量之後，即可推算溶解氫氧化鈉所需的水量，也就是
「水量＝氫氧化鈉的2～3倍」來計算。娜娜媽在書中每款皂的水分倍數並沒
有固定，以上述例子來看，103g的氫氧化鈉，溶鹼時必須加入103g×2.4＝
247.2g的水，為了方便計算，我們取整數250g即可。

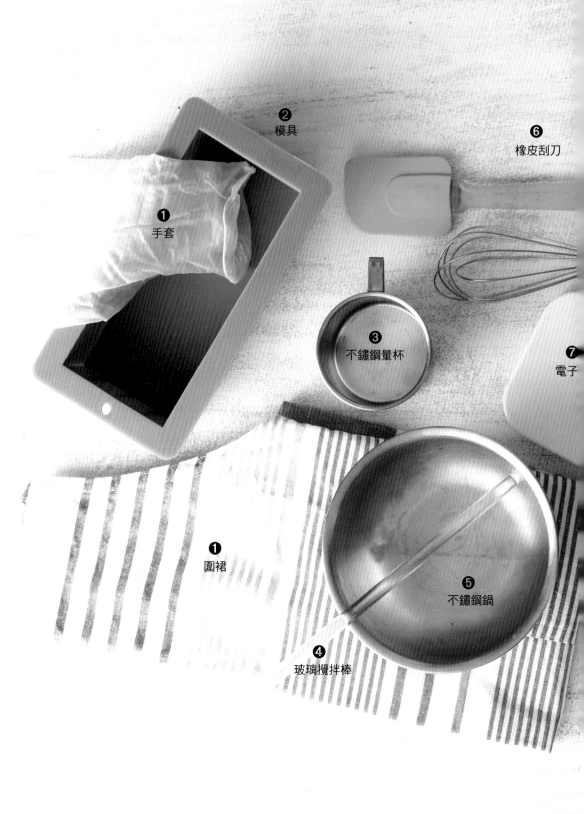

❷ 模具

❻ 橡皮刮刀

❶ 手套

❸ 不鏽鋼量杯

❼ 電子

❶ 圍裙

❺ 不鏽鋼鍋

❹ 玻璃攪拌棒

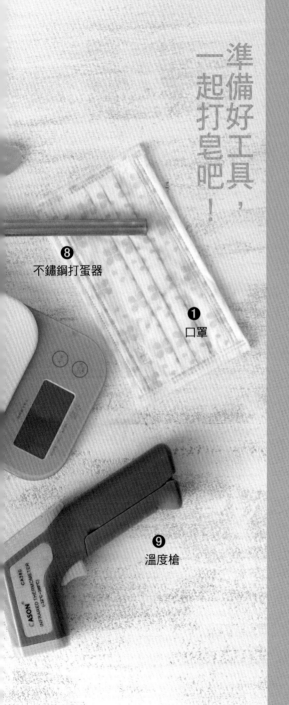

❽
不鏽鋼打蛋器

❶
口罩

❾
溫度槍

❶手套、圍裙、口罩：在打皂的過程中，需要特別小心操作鹼液，所以一定要戴上口罩、手套、護目鏡、圍裙等防護措拖，避免讓鹼液接觸皮膚。

❷模具：各種形狀的矽膠模或塑膠模，可以讓手工皂更有造型，若是沒有模具，用洗淨的牛奶盒也可以，但是要記得晾乾之後再使用，另外要注意不能選用內側是鋁箔包裝的紙盒。

❸不鏽鋼量杯一個：用來放置氫氧化鈉，必須全程保持乾燥，不能有水分，或是用塑膠杯也可以。

❹玻璃攪拌棒一隻：用來攪拌鹼液，要有一定長度，大約要有30cm，在操作時才不會不小心觸碰到鹼液。

❺不鏽鋼鍋二個：分別用來溶鹼和放油，不鏽鋼鍋若是全新的，建議先用醋清洗，避免在打皂時融出黑色屑屑。

❻橡皮刮刀：烘焙用的刮刀，可以將不鏽鋼鍋的皂液刮乾淨，減少浪費。在做分層入模時，可以協助緩衝皂液入模，讓分層更容易成功。

❼電子秤：最小測量單位1g即可，用來測量氫氧化鈉、油脂和水分。

❽不鏽鋼打蛋器一隻：用來打皂、混合油脂與鹼液，一定要選擇不鏽鋼材質，才不會融出黑色屑屑。

❾溫度槍或溫度計：用來測量油脂和鹼液的溫度，若是使用溫度計，要注意不能將溫度計當作攪拌棒使用，以免溫度計斷裂。

A
準備

B
融油

1　請在工作檯鋪上報紙或是塑膠
墊，避免傷害桌面，同時方便清
理。戴上手套、護目鏡、口罩、
圍裙。

Tips 請先清理出足夠的工作空
間，以通風處為佳，或是在抽油
煙機下操作。

2　電子秤歸零後，將配方中的軟油
和硬油分別測量好，並將硬油放
入不鏽鋼鍋中加溫，等硬油融解
後再倒入軟油，可以同時降溫，
並讓不同油脂充分混合。（硬油
融解後就可關火，不要加熱過頭
喔！）

C
測量

3　依照配方中的分量，測量氫氧化
鈉和水（或母乳、牛乳）。氫氧
化鈉請用不鏽鋼杯測量，水則是
要先製成冰塊再使用，量完後置
於不鏽鋼鍋中備用。

Tips 1 氫氧化鈉請用不鏽鋼量杯
盛裝，並保持乾燥不可接觸到水。

Tips 2 將要作皂的水，製成冰塊
再使用，可降低製作時的溫度。

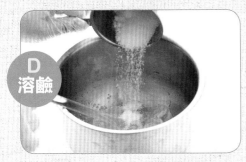

4 將氫氧化鈉分3～4次倒入純水冰塊或乳脂冰塊中，並用攪拌棒不停攪拌，速度不可以太慢，避免氫氧化鈉黏在鍋底，直到氫氧化鈉完全溶解，看不到顆粒為止。

Tips 1 攪拌時請使用玻璃攪拌棒或是不鏽鋼長湯匙，切勿使用溫度計攪拌，以免斷裂造成危險。

Tips 2 若此時產生高溫及白色煙霧，請小心避免吸入煙霧。

Tips 3 可先將鹼液過篩，檢查是否還有未溶解的氫氧化鈉，再與油脂混合。

5 當鹼液溫度跟油脂溫度維持在 20 ～ 40℃之間，便可將油脂緩緩倒入鹼液中。

Tips 若是製作乳皂，建議調和溫度在 35℃以下，顏色會較白皙好看。

6 用不鏽鋼打蛋器混合攪拌，順時針或逆時針皆可，持續攪拌25～30分鐘（看攪拌的力道）。

Tips 1 剛開始皂化反應較慢，越攪拌會越濃稠，15分鐘之後，可以歇息一下再繼續。

Tips 2 如果攪拌次數不足，可能導致油脂跟鹼液不均勻，而出現分層的情形（鹼液都往下沉到皂液底部）。

Tips 3 若是使用電動攪拌器，攪拌只需約3～5分鐘。不過使用電動攪拌器容易產生泡泡，入模後須輕敲模子來清除泡泡。

7 不斷攪拌過後，最後皂液會像沙拉醬般濃稠，整個過程約需25～60分鐘（視配方的不同，攪拌時間也不一定）。試著在皂液表面畫8，若可看見字體痕跡，代表濃稠度已達標準。

8 加入精油或其他添加物，再攪拌約300下，直至均勻即可。

9 將皂液入模，入模後可放置於保麗龍箱保溫1天，冬天可以放置3天後再取出（避免溫差太大產生皂粉）。

10 放置約3～7天後即可脫模，若是皂體還黏在模子上可以多放幾天再脫模。

11 脫模後建議再置於陰涼處 3 天，等表面都呈現光滑、不黏手的狀態再切皂，才不會黏刀。

12 將手工皂置於陰涼通風處，約需 4～6 週，待手工皂的鹼度下降，皂化完整之後，才能使用。

Tips 1 　請勿放在室外晾皂，室外濕度高，皂易酸敗，也不可以曝曬於太陽下，否則容易出油酸敗。

Tips 2 　製作好的皂建議 40 天後再用保鮮膜單顆包裝，防止手工皂反覆受潮而變質。

娜娜媽
小・叮・嚀

◆ 因為鹼液屬於強鹼，從開始操作到清洗工具，請全程帶著手套及圍裙，避免受傷喔！若不小心噴到皂液，請立即用大量清水沖洗。

◆ 使用過後的打皂工具建議隔天再清洗，置放一天後，工具裡的皂液會變成肥皂般較好沖洗。同時可觀察一下，如果鍋中的皂遇水後是渾濁的（像一般洗劑一樣），就表示成功了；但如果有油脂浮在水面，可能是過程中攪拌不夠均勻喔！

◆ 打皂用的器具跟食用的器具，請分開使用。

◆ 手工皂因為沒有添加防腐劑，建議一年內使用完畢。

手工皂調香 Q&A

本書特別邀請知名的調香師 Aroma 老師,來教大家如何讓香味能夠在皂中留香,讓你做出來的手工皂散發迷人的香味,絕對讓你愛不釋手喔!

Q 複方香氛調和後可以立即入皂嗎?

A 沒有經過陳置熟成的複方香氛,直接放入皂的基底當中,會影響香氣的表現,做出的皂香氛氣味會不夠融合,定香精油也無法發揮效果。建議複方香氛調和好後,先放置於陰涼乾燥處,保存 1 ～ 2 星期後再入皂使用。兩個星期以上的時間才足以讓香氛熟成、香氣會更圓潤。

Q 香氛入皂的劑量,該如何拿捏呢?

A 劑量的多寡是以香氛氣味強度以及個人喜好為基準,但最基本需要(油量＋水量)× 2% 的香氛劑量。

Q 為什麼我的手工皂香氛放了定香還是不香?

A 其實手工皂香不香,和定香沒有關係,而是和「氣味強度」有關。手工皂要香,基本上是要考量配方的氣味強度,定香並不是主要考量。

Q 書中有些香味使用了 Miaroma 的複方香氛,也可以使用其他單方精油替代嗎?

A Miaroma 的複方香氛能夠加強香氣的強度,可以用來搭配手上的精油原料使用。Miaroma 主要原料是使用天然精油、原精、凝香體以及天然來源的香氛單體所調製而成,也可以使用其他天然原精,來達到同樣效果的表現喔!

Miaroma 複方香氛	替代原精
Miaroma 晚香玉	晚香玉原精
Miaroma 櫻花	玫瑰原精、紅花緬梔原精
Miaroma 經典岩蘭草、東方岩蘭草	鳶尾花根原精、東印度檀香
Miaroma 綠檀	癒創木精油、Co2 穗甘松原精、岩玫瑰原精
Miaroma 白柚精粹	綠橘精油、白柚精油、麝香葵種子原精
Miaroma 清新精萃	零凌香豆原精、香草原精
Miaroma 紫戀薰衣草	薰衣草原精、零凌香豆原精
Miaroma 白香草	香草原精
Miaroma 白茶玫瑰	檀香精油、玫瑰精油、麝香葵種子精油
Miaroma 檸檬檜木	扁柏、紅檜、檸檬精油

PART 2 美肌潔顏皂

給臉龐最細緻的呵護

量身「打皂」七款美肌潔顏皂，
全面改善你的肌膚問題！

APRICOT KERNEL OIL

杏桃核仁美白皂

改善斑點,揮別暗沉

適合膚質 乾燥肌、敏感肌、膚色蠟黃者

使用技法 倒入渲染法

INS硬度 145

　　這款皂添加了兩款好油,一款是杏桃核仁油,它含有豐富的維生素、礦物質,很適合乾性與敏感性肌膚使用。對於臉上的小斑點、膚色暗沉、蠟黃、乾燥脫皮、敏感發炎等情況能有所改善,洗完後有清新的洗感。

　　另一款是娜娜媽超級愛用的油品——澳洲胡桃油。它具有很好的保濕效果,而且用量不需要很多,價錢也很親民!它最大的特色是含有很高的棕櫚油酸,可以延緩皮膚及細胞的老化,一般用於做皂時的建議用量為15%～30%。另外,娜娜媽還在皂裡添加了粉紅石泥粉,有輕微去角質的功效,可以讓膚色更明亮,建議一個星期使用2～3次。

配方 material

油脂
椰子油 140g
棕櫚油 140g
乳油木果脂 120g
杏桃核仁油 150g
澳洲胡桃油 150g

鹼液
氫氧化鈉 103g
迷迭香花水冰塊 250g

複方香氛
Miaroma晚香玉 10g(約200滴)
白玉蘭葉 10g(約200滴)
◆複方香氛調和好後,請先放置於陰涼乾燥處,保存1～2星期後再入皂使用。

添加物
粉紅石泥粉 3～7g(視個人喜好添加)。

◆以上材料約可做10塊100g的手工皂,如左圖大小。

作法STEP BY STEP

A 製冰

1　將迷迭香花水製成冰塊備用。

2　將步驟1的迷迭香花水冰塊置於不鏽鋼鍋中，再將103g氫氧化鈉分3～4次倒入（每次約間隔30秒），同時快速攪拌，讓氫氧化鈉完全溶解。

B 融油

3　將配方中的油脂全部量好，先將乳油木放入不鏽鋼鍋中隔水加熱，融解後加入軟油讓油脂充分混合。

Tips　秋冬時，椰子油和棕櫚油等固態的油脂須先隔水加熱後，再與其他液態油脂混合。

4　用溫度計分別測量油脂和鹼液的溫度，二者皆在35℃以下，且溫差在10℃之內，即可混合。

C 打皂

5　先將鹼液過篩，檢查是否還有未溶解的氫氧化鈉，再與油脂混合。

6　持續攪拌20～25分鐘，直到皂液變稠（但不用到像畫8那麼稠喔！）。

7　將複方香氛倒入皂液中，再持續攪拌300下。

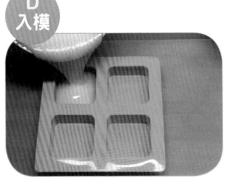

8 將約1000g的白色皂液分成800g和200g，先將800g白色皂液倒入模子內（約八分滿）。

9 將另外200g的皂液加入過篩後的粉紅石泥粉攪拌均勻備用。

10 將粉紅石泥皂液倒入已入模的白色皂液中，再用筷子隨意畫出線條入模即完成。

　Tips 隨意倒入後加以渲染，就能做出每一塊紋路都不相同的手工皂，脫模時會充滿驚喜。

11 將手工皂放入保麗龍箱裡保溫1～3天。

12 大部分的手工皂隔天就會成型，不過油品不同會影響脫模的時間，所以建議放置約3～7天再進行脫模。

13 脫模後，置於陰涼處晾皂，約4～6星期後再使用。（使用前可用試紙測試pH值，若在9以下代表已皂化，可以使用囉！）

娜娜媽
小·教·室

美白精油露

這款美白精油露添加了可以改善膚色蠟黃的杏桃油，芹菜籽精油則有淡斑的效果，只要將所有材料裝入瓶中搖晃均勻就可以使用！

◆使用前請做肌膚測試，以免造成不適。

◆材料（成品約10ml）
梅子油5g、杏桃油5g、永久花精油3滴、芹菜籽精油5滴、馬鞭草酮迷迭香精油2滴。

◆作法
將所有材料混合均勻即可。

◆使用方式
可將調和好的精油露加入精華液、乳液中，建議乾性肌添加5滴，中性肌3滴，油性肌1～2滴。全臉皆可使用，避開眼周、唇部即可。

LANOLIN & GOAT'S
MILK

羊咩咩
滋養乳皂

光滑柔嫩不油膩

適合膚質 乾燥肌、易脫皮者

使用技法 運用皂片變化

INS硬度 143

這一款羊咩咩皂添加了羊毛油與羊乳，屬於滋潤型的皂款，很適合老年人或是肌膚粗糙、乾燥脫皮的人使用。

羊毛油是由羊毛取得，並不是從羊的脂肪取得，它的濃度與稠度非常高，且滋潤度高於乳油木果脂，雖然滋潤卻不油膩，用來做成護手霜也很棒！不過因為本身質地很稠，所以用量必需控制、不能過多，避免造成快速皂化。

羊乳中含有豐富的維他命C，可以讓皮膚充滿彈性；含有EGF生長因子，能夠修補老化的皮膚細胞，是相當天然的美容聖品。

配方 material

油脂
椰子油 140g
棕櫚油 140g
橄欖油 200g
澳洲胡桃油 120g
紐西蘭羊毛油 100g

鹼液
氫氧化鈉 96g
羊乳冰塊 250g

複方香氛
Miaroma白香草 12g（約240滴）
維吉尼亞雪松 5g（約100滴）
紅檀雪松 3g（約60滴）
◆複方香氛調和好後，請先放置於陰涼乾燥處，保存1～2星期後再入皂使用。

添加物
皂片運用

◆以上材料約可做10塊100g的手工皂，如左圖大小。

作法STEP BY STEP

A
製冰

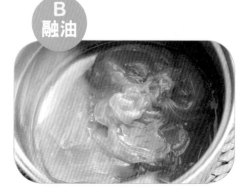

B
融油

1　將250g的羊乳製成冰塊備用。

2　將步驟1的羊乳冰塊置於不鏽鋼鍋中，再將96g氫氧化鈉分3～4次倒入（每次約間隔30秒），同時必須快速攪拌，讓氫氧化鈉完全溶解。

　　Tips 若羊乳冰塊已退冰出水，氫氧化納倒入的次數可增加到8～10次，避免鹼液溫度太高。

3　將配方中的油脂全部量好，羊毛油呈濃稠狀，需先放入不鏽鋼鍋中隔水加熱，融解後加入軟油讓油脂充分混合（請避免油溫太高易加速皂化）。

　　Tips 秋冬時，椰子油和棕櫚油等固態的油脂須先隔水加熱後，再與其他液態油脂混合。

4　用溫度計分別測量油脂和鹼液的溫度，二者皆在35℃以下，且溫差在10℃之內，即可混合。

C
打皂

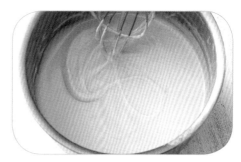

5　將步驟2完成的鹼液邊攪拌邊倒入步驟3的油脂中，順便檢查是否還有未溶解的氫氧化鈉。

6　持續攪拌約5分鐘，將複方香氛倒

入皂液中，再持續攪拌300下，直到皂液變得濃稠，看起來像美乃滋狀（在皂液表面畫8可看見字體痕跡）。

7 將1000g的白色皂液倒入模具中填滿。

8 利用多餘的皂邊刨成皂片，再捲成圓柱狀的皂條。

9 將皂條一個個直立插入白色皂液中。

> **Tips1** 此款皂的皂化速度很快，皂片一定要先準備好，不然會來不及入膜喔！

> **Tips2** 乳皂不需保溫，因為本身有乳脂肪，所以會比一般皂的皂化溫度高，冬天可以蓋上一層保鮮膜，防止皂粉出現。

10 大部分的手工皂隔天就會成型，不過油品不同會影響脫模的時間，建議這一款皂1～3天再進行脫模（若遇到連日的雨季，建議10天後再脫模）。

11 脫模後，置於陰涼處晾皂，約4～6星期後再使用。（使用前可用試紙測試pH值，若在9以下代表已皂化完全，可以使用囉！）

12 切皂時，需要以橫切面的方向切皂，才會有圈圈狀的花紋。

> **Tips** 此款皂因為添加羊毛油所以皂化速度非常快，如果新手害怕來不及入模，可以用另一種作法，只要將椰子油、棕櫚油、橄欖油和澳洲胡桃油先融合，再與鹼液混合便開始打皂，約攪拌15～20分鐘後，先將精油倒入，持續攪拌300下之後，慢慢的用湯匙一小匙、一小匙的將融化的羊毛油一起拌入皂液中，直到羊毛油全部加入。

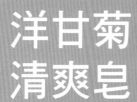

洋甘菊清爽皂

消炎鎮定，改善痘痘

適合膚質　痘痘肌、敏感肌、
　　　　　男士肌膚

使用技法　倒入渲染法

INS硬度　138

　　這款皂使用洋甘菊花水代替純水溶鹼。洋甘菊花水入皂不但能帶來清爽的洗感，還具有消炎、鎮定痘痘的效果，洋甘菊花水本身也可以直接拿來當化妝水使用。此外，配方還加入了保濕效果很好的榛果油和芥花油，讓這款皂同時擁有清爽與保濕的效果。

　　添加的低溫艾草粉可以幫助舒緩情緒，達到放鬆的效果；有機胭脂樹粉可以抑制細菌生長，預防痘痘，而且我們可以利用這兩種粉類的顏色，渲染出秋楓落葉般的美麗圖形。

配方 material

油脂

椰子油 175g
棕櫚油 175g
芥花油 175g
榛果油 175g

鹼液

氫氧化鈉 105g
洋甘菊花水冰塊 240g

複方香氛

Miaroma白柚精萃 18g（約360滴）
胡椒薄荷 2g（約40滴）
◆複方香氛調和好後，請先放置於陰涼乾燥
處，保存1～2星期後再入皂使用。

添加物

低溫艾草粉 7g
有機胭脂樹粉 7g

◆以上材料約可做10塊100g的手工皂，如左圖大小。

作法STEP BY STEP

1　將洋甘菊花水製成冰塊備用。

2　將步驟1的洋甘菊花水冰塊置於不
　　鏽鋼鍋中，再將105g氫氧化鈉分
　　3～4次倒入（每次約間隔20～30
　　秒），同時必須快速攪拌，讓氫
　　氧化鈉完全溶解。

3　將配方中的油脂全部量好備用。

　　Tips　秋冬時，椰子油和棕櫚油等
　　固態的油脂須先隔水加熱後，再
　　與其他液態油脂混合。

4　用溫度計分別測量油脂和鹼液的
　　溫度，二者皆在35℃以下，且溫
　　差在10℃之內，即可混合。

5　建議可先將鹼液過篩，檢查是否
　　還有未溶解的氫氧化鈉，再與油
　　脂混合。

6　持續攪拌約10～15分鐘，直到皂
　　液變得微微的濃稠狀。（在皂液
　　表面畫線條不會很快沉下去即

　　可，但不能像畫8可看見字體痕
　　跡，否則皂液會過於濃稠無法做
　　渲染）。

7　將複方香氛倒入皂液中，再持續
　　攪拌300下。

D
入模

8　將1000g的白色皂液分裝成3個量杯備用，一杯是白色皂液500g，另兩杯各為250g。將低溫艾草粉和有機胭脂樹粉過篩後，分別加入250g的皂液裡攪拌均勻調色，調完色後便可準備入模。

9　大家可以依照自己喜歡的顏色做搭配，利用對角線的概念，用筷子隨意勾勒出線條即可完成。

10　將手工皂放入保麗龍箱裡保溫1～3天。

E
脫模

11　大部分的手工皂隔天就會成型，不過油品不同會影響脫模的時間，所以建議放置約3～7天再進行脫模。若是水分比較多或是梅雨季時也可以晚一點再進行脫模。

12　脫模後，置於陰涼處晾皂，約4～6星期後再使用。（使用前可用試紙測試pH值，若在9以下代表已皂化，可以使用囉！）

娜娜媽
小·教·室

皂友分享：使用保濕皂，讓肌膚不乾癢

我是屬於「混合性偏乾」的膚質，在夏秋換季時，T字部位出油量逐漸減少、兩頰微乾，使用娜娜媽的洋甘菊皂與苦瓜皂，降低了換季時帶來的不適感。

洋甘菊皂清爽、帶有去油力，又能維持一點保濕度，不會有過度清潔而乾燥的問題，非常適合在出油多、流了很多汗的炎炎夏季使用。

相較起來，苦瓜皂似乎比洋甘菊皂滋潤些，洗起臉來覺得保濕又舒適，很適合在季節較乾的時候使用。而且，原本就容易手腳乾癢的我，苦瓜皂不會讓我感到任何不適，洗完後皂體表面也很快就乾了，不會軟爛，感覺很耐用呢！

Amy

BITTER GOURD

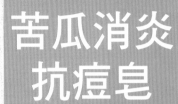

苦瓜消炎抗痘皂

清爽抗痘，細緻毛孔

適合膚質	毛孔粗大、粉刺、痘痘肌
使用技法	分層法＋皂邊運用
INS硬度	140

苦瓜具有降火氣、抗發炎的效果，不僅是一個好食材，也是一個好皂材，所以這款皂中，娜娜媽特別加入了苦瓜水和苦瓜粉，洗起來非常清爽舒服，還可以平衡皮脂分泌，改善粉刺問題。

配方中還加入了苦楝油，曾聽老一輩的人說，長水痘或是皮膚過敏時，擦苦楝油可以止癢，據說印度人還會將苦楝樹的葉子磨碎，敷在皮膚發炎、長膿包的地方來減緩不適，可見苦楝油擁有很好的殺菌鎮定的效果。

這款皂我們利用「分層」作法，淺色的分層是加入了苦瓜水；深色的分層則是加入苦瓜粉（使用山苦瓜，效果更棒），不僅看起來顏色協調漂亮，使用起來還有加倍的效果喔！

配方 material

油脂

椰子油 150g
棕櫚油 150g
酪梨油 200g
芥花油 100g
苦楝油 100g

鹼液

氫氧化鈉 104g
苦瓜水冰塊 250g

複方香氛

大西洋雪松 9g（約180滴）
Miaroma綠檀 5g（約100滴）
Miaroma白香草 4g（約80滴）
胡椒薄荷 2g（約40滴）
◆複方香氛調和好後，請先放置於陰涼乾燥處，保存1～2星期後再入皂使用。

添加物

苦瓜粉 14g、皂邊

◆以上材料約可做10塊100g的手工皂，如左圖大小。

作法STEP BY STEP

1 將250g苦瓜水製成冰塊備用。

2 將步驟1的苦瓜水冰塊，置於不鏽鋼鍋中，再將104g氫氧化鈉分3～4次倒入（每次約間隔30秒）。同時必須快速攪拌，讓氫氧化鈉完全溶解。

3 將配方中的油脂全部量好備用。

Tips 秋冬時，椰子油和棕櫚油等固態的油脂須先隔水加熱後，再與其他液態油脂混合。

4 用溫度計分別測量油脂和鹼液的溫度，二者皆在35℃以下，且溫差在10℃之內，即可混合。

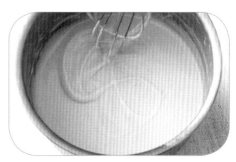

5 先將鹼液過篩，檢查是否還有未溶解的氫氧化鈉，再與油脂混合。

6 持續攪拌約25～30分鐘，直到皂液看起來像美乃滋一樣，在皂液表面畫8可看見字體痕跡。

7 將複方香氛倒入皂液中，再持續攪拌300下。

8 將500g的白色皂液倒入皂模裡，加入皂邊做裝飾後，將另外500g的皂液加入過篩的苦瓜粉（如右圖），攪拌均勻後再倒入已入模的白色皂液上（可以用刮刀輔助慢慢倒入），即完成分層皂。

9 放入保麗龍箱保溫1～3天。

10 大部分的手工皂隔天就會成型，不過油品不同會影響脫模的時間，所以建議放置約3～7天再進行脫模。若是水分比較多或是梅雨季時也可以晚一點再脫模。

11 脫模後，置於陰涼處晾皂，約4～6星期後再使用。（使用前可用試紙測試pH值，若在9以下代表已皂化，可以使用囉！）

娜娜媽 小·教·室

苦瓜抗痘噴霧

苦瓜汁具有降火的作用，除了可以直接飲用之外，市售的苦瓜水也是很好的保濕噴霧，它能有效收縮毛孔，消除痘疤和舒緩痘痘的紅腫情況。

◆材料（成品100ml）
苦瓜水45g、洋甘菊純露45g。

◆作法
將苦瓜水與洋甘菊純露裝進噴瓶，輕輕搖勻即可使用。

◆使用前請做肌膚測試，以免造成不適。

Tips 因為不含防腐劑，所以盡量於一個月內使用完畢。或是可以添加葡萄籽萃取液3～7％（濃度不同，添加比例不同，建議可以詢問賣家添加用量）來延長使用期限，並於六個月內使用完畢。

CARROT&CAROTINO

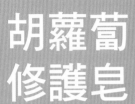

胡蘿蔔修護皂

·················

修復肌膚，改善粗糙膚質

這款皂主要利用了未精緻的紅棕櫚油，製造出美麗的橙色，紅棕櫚油富含天然的胡蘿蔔素和維生素E，能幫助肌膚修復，並改善粗糙的膚質。不過紅棕櫚油的硬度比棕櫚油軟一些，代替棕櫚油使用時，用量需控制在總油量的10%～35%之內。

為了讓皂色有深淺的層次變化，加入了有機胭脂樹粉，調配出深橘色皂液，再利用三層分層的作法，就能製作出豐富色澤感的手工皂囉！

 適合膚質 老人、小孩、乾性皮膚

 使用技法 分層法＋皂條運用

INS硬度 140

配方 material

油脂

未精緻紅棕櫚油 200g
棕櫚核仁油 150g
開心果油 150g
甜杏仁油 100g
乳油木果脂 100g

鹼液

氫氧化鈉 98g
胡蘿蔔汁冰塊 235g

複方香氛

醒目薰衣草 10g（約200滴）
Miaroma清新精萃 6g（約120滴）
Miaroma紫戀薰衣草 4g（約80滴）
◆複方香氛調和好後，請先放置於陰涼乾燥處，保存1～2星期後再入皂使用。

添加物

有機胭脂樹粉 7g、β-胡蘿蔔素 7g、皂條運用

◆以上材料約可做10塊100g的手工皂，如左圖大小。

作法STEP BY STEP

A 製冰

B 融油

1　直接將235g的胡蘿蔔汁製成冰塊備用。

2　將步驟1的胡蘿蔔冰塊置於不鏽鋼鍋中，再將98g氫氧化鈉分3～4次倒入（每次約間隔30秒）。同時必須快速攪拌，讓氫氧化鈉完全溶解。

3　將配方中的油脂全部量好，乳油木放入不鏽鋼鍋中隔水加熱，融解後加入軟油讓油脂充分混合。

Tips 秋冬時，椰子油和棕櫚油等固態的油脂須先隔水加熱後，再與其他液態油脂混合。

4　用溫度計分別測量油脂和鹼液的溫度，二者皆在35℃以下，且溫差在10℃之內，即可混合。

C 打皂

5　將步驟2完成的鹼液邊攪拌邊倒入步驟3的油脂中，順便檢查是否還有未溶解的氫氧化鈉。

6　持續攪拌約25～35分鐘，直到皂液變得濃稠，看起來像美乃滋狀（在皂液表面畫8可看見字體痕跡）。

7　將複方香氛倒入皂液中，再持續攪拌300下。

8　將1000g的淺橘色皂液分成2鍋各500g備用。

9　將其中一鍋500g的皂液先加入7g的β-胡蘿蔔素攪拌均勻，再加入過篩過的7g有機胭脂樹粉攪拌均勻，即完成一鍋500g的深橘色皂液，再分成2鍋各250g備用。

10　先將250g深橘色的皂液倒入模子裡，並放上皂條裝飾後，再倒入500g淺橘色皂液，同樣的再放上皂條裝飾，最後再將250g的深橘色皂液倒在淺橘色皂液上，即完成「深→淺→深」的三層分層皂。

　　Tips 很多人做分層皂不易成功，大多是因為在倒入第二、三層皂液時力道過大，最好以刮刀輔助，讓皂液沿著刮刀緩緩流入，分層效果就會較為明顯。

11　放入保麗龍箱保溫1～3天。

12　大部分的手工皂隔天就會成型，不過油品不同會影響脫模的時間，所以建議放置約3～7天再進行脫模。

13　脫模後，置於陰涼處晾皂，約4～6星期後再使用。（使用前可用試紙測試pH值，若在9以下代表已皂化完全，可以使用囉！

SEA SAL

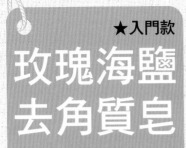

★入門款

玫瑰海鹽去角質皂

溫和洗淨不乾澀

適合膚質 粗糙、角質老化的膚質

使用技法 倒入渲染法

INS硬度 226

很多人都會覺得椰子油含量高的皂洗起來較乾澀，但這一款皂的椰子油含量雖然高，但是使用後，肌膚會超乎想像的咕溜喔！

選擇的海鹽建議使用細海鹽，避免洗起來會感到疼痛，而且溫和細緻的海鹽，適用於臉部與身體，夏天建議一星期使用2～3次，冬天一星期用1次即可，如果想要更好的洗感，可以使用母乳製作喔！

通常含有高比例的海鹽皂會產生「鹽析現象」，導致做出來的皂會不斷出水，不過娜娜媽改良後的配方，大約出水2～3天後，就會呈現乾爽好保存的狀態，而且去角質的效果一樣是一級棒呢！

配方 material

油脂
椰子油 600g
甜杏仁油 75g
蓖麻油 75g

鹼液
氫氧化鈉 134g
純水冰塊 320g

複方香氛
波本天竺葵 10g（約200滴）
Miaroma白茶玫瑰 10g（約200滴）
◆複方香氛調和好後，請先放置於陰涼乾燥處，保存1～2星期後再入皂使用。

添加物
海鹽 230g
粉紅石泥粉 3～7g

◆以上材料約可做12塊100g的手工皂，如左圖大小。

作法STEP BY STEP

1　將320g的水製成冰塊備用。

2　將步驟1的冰塊，置於不鏽鋼鍋中，再將134g氫氧化鈉分3～4次倒入（每次約間隔30秒）。同時必須快速攪拌，讓氫氧化鈉完全溶解。

3　將配方中的油脂全部量好備用。

　　Tips 秋冬時，椰子油須先隔水加熱後，再與其他液態油脂混合。

4　用溫度計分別測量油脂和鹼液的溫度，二者皆在35℃以下，且溫差在10℃之內，即可混合。

5　將步驟2完成的鹼液邊攪拌邊倒入步驟3的油脂中，順便檢查是否還有未溶解的氫氧化鈉。

6　持續攪拌約15～20分鐘，將230g海鹽慢慢倒入，繼續攪拌直到皂液有點濃稠即可。

7　將複方香氛倒入皂液中，再持續攪拌300下。

Tips 常常看到一些海鹽皂配方，海鹽的重量是油重的一半，但高比例的海鹽會使完成皂一直出水，所以娜娜媽減少海鹽量，自然可以減少出水情形，皂寶寶也變得更好照顧喔！

8　將約1000g的白色皂液分成800g和200g，先將800g皂液倒入模子內填滿（約八分滿）。

9　再將200g皂液加入過篩後的粉紅石泥粉（視個人喜好增減，加越多顏色越深）。

10 攪拌均勻後倒入已入模的白色皂液中，再用筷子隨意畫出線條即完成。

> **Tips1** 隨意倒入並加以渲染，做出來的每一款皂的造型都不同，脫模時會充滿驚喜。

> **Tips2** 因為加入大量的海鹽，會造成皂體比較鬆散，建議用模子做比較漂亮，不然會一切就碎喔！

11 海鹽皂的硬度較高，4～6小時即可脫模。

12 脫模後，置於陰涼處晾皂，約4～6星期後再使用。（使用前可用試紙測試pH值，若在9以下代表已皂化，可以使用囉！）

> **Tips** 椰子油比例高的皂，硬度較硬，約4～6小時就可脫模，如果要蓋皂章的話，脫模後要立即進行，以免皂變硬了就無法蓋囉！

娜娜媽 小‧教‧室

皂友分享：
海鹽皂，改善了長年的腳底脫皮

我的腳底嚴重脫皮30幾年，從來沒好過，沒有想到一塊海鹽皂就改善了我長年來脫皮的情況，真是太神奇了！以前只能靠皮膚科的藥物來控制，但是只能治標無法治本，只要停藥，又會開始脫皮。

在網路上看到娜娜媽推薦好用的海鹽去角質皂，本來是要買來洗澡去角質用的，卻意外發現使用之後，竟然讓陳年的腳底脫皮變得光滑，真的是意料之外的收穫，也讓我重此愛上海鹽皂，謝謝娜娜媽製作優質的手工皂，我會持續使用的！

TONY

VERBENA

馬鞭草清新皂

綿密泡泡，保護肌膚

適合膚質 中油性膚質潔顏或用於除毛刮鬍

使用技法 運用皂捲變化

INS硬度 191

這一款味道清新的豆漿皂，適合中油性膚質的朋友使用，添加馬鞭草精油，對於皮膚與髮質皆有軟化的效果，還能讓肌膚變得柔嫩；清新的香氣，用起來還能舒緩情緒、放鬆心情，洗完後會有清爽又保濕的感覺。

另外，娜娜媽也特別推薦這一款皂的第二種使用方法，就是把它當作男性刮鬍、女性除毛好幫手「刮鬍皂」來使用，利用椰子油的高起泡度，讓男性朋友可以溫和又乾淨的刮除鬍子，也很適合女性朋友在刮除腿毛、腋毛時使用。

配方 material

油脂

椰子油 350g
棕櫚油 150g
乳油木果脂 100g
酪梨油 100g

鹼液

氫氧化鈉 114g
豆漿冰塊 260g

複方香氛

馬鞭草花園 12g（約240滴）
薄荷 2g（約40滴）
Miaroma檸檬檜木 6g（約120滴）
◆ 複方香氛調和好後，請先放置於陰涼乾燥處，保存1～2星期後再入皂使用。

添加物

深淺綠色皂捲

◆以上材料約可做10塊100g的手工皂，如左圖大小。

作法STEP BY STEP

1 將260g的豆漿製成冰塊備用。

2 將步驟1的豆漿冰塊置於不鏽鋼鍋中，再將114g氫氧化鈉分3～4次倒入（每次約間隔30秒）。同時必須快速攪拌，讓氫氧化鈉完全溶解。

3 將配方中的油脂全部量好，乳油木放入不鏽鋼鍋中隔水加熱，融解後加入軟油讓油脂充分混合。

Tips 秋冬時，椰子油和棕櫚油等固態的油脂須先隔水加熱後，再與其他液態油脂混合。

4 將豆漿鹼液過篩後，再用溫度計分別測量油脂和鹼液的溫度，二者皆在35℃以下，且溫差在10℃之內，即可混合。

5 將步驟2完成的鹼液邊攪拌邊倒入步驟3的油脂中，順便檢查是否還有未溶解的氫氧化鈉。

6 持續攪拌約20～30分鐘，直到皂液變得濃稠，看起來像美乃滋狀（在皂液表面畫8可清楚看見字體痕跡）。

7 將複方香氛倒入皂液中，再持續攪拌300下。

D 入模

 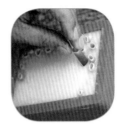 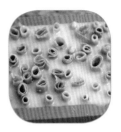

8 將1000g的白色皂液倒入模子，再將已刨成片的綠色皂片做成捲捲狀，並一個個直立放入白色皂液中即完成。

E 脫模

9 大部分的手工皂隔天就會成型，不過油品不同會影響脫模的時間，所以建議放置約3～7天再進行脫模。

10 脫模後，置於陰涼處晾皂，約4～6星期後再使用。（使用前可用試紙測試pH值，若在9以下代表已皂化完全，可以使用囉！）

11 切皂時，需以直切面的方向切皂。

娜娜媽 小‧教‧室

收斂修護水

德國洋甘菊可以幫助消炎抗菌，金縷梅花水具有收斂毛孔、抗菌、止血的效果，除毛刮鬍後，可能會造成一些細微的小傷口，非常適合擦上這一款收斂水幫助修護。

◆材料（成品約100ml）
羅馬洋甘菊純露45g、金縷梅花水45g。

◆作法
將所有材料裝入瓶中，均勻混合後即可使用。

◆使用前請做肌膚測試，以免造成不適。

娜娜媽
小·教·室

皂友分享❶：遇見手工皂，讓我不再需要擦類固醇藥膏了！

因為遺傳的關係，我和家人的皮膚都會有長水泡、紅腫、發癢的情況，導致手腳一直都有無法癒合的傷口。即使看了皮膚科、擦了藥，也改用清水清洗，但是症狀似乎都無法改善，直到偶然遇見娜娜媽，她發現我的狀況，給我

Before　　　　After

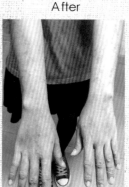

試用了他的手工皂，才慢慢開始改變了我以為無可救藥的皮膚。

自從用了手工皂清潔之後，我的肌膚就不會再癢了，持續使用之後，傷口也慢慢舒緩好轉，現在的我不用再靠擦類固醇藥膏來控制了！

橘妹妹

皂友分享❷：左手香皂，淡化毛孔角化症

我的手臂有很嚴重的毛孔角化症，皮膚都會呈現一粒粒紅紅的凸起狀，讓我不敢穿無袖的衣服。醫生告訴我這是遺傳，無法根治，讓我心灰意冷，無意間看見皂友的分享，有皂友和我有相同的困擾，但是用了娜娜媽左手香手工皂之後，改善了許多，讓我重新燃起希望，決定也開始使用手工皂來清潔，目前使用一個月，手臂上的紅點點似乎有慢慢變淡，相信不久之後，我也可以穿上無袖衣服囉！

莎莉

PART 3 溫和潔膚皂

用對潔膚皂，身體不乾癢

使用自製的溫和潔膚皂，不僅能改善惱人的肌膚問題，
洗淨同時給予滋潤，讓洗澡也是一種享受！

CAMELLIA OIL

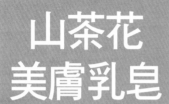

山茶花
美膚乳皂

強效滋潤，不乾燥

 適合膚質 **中性、乾燥肌**

 使用技法 **分層法＋皂片運用**

 INS硬度 141

山茶花油自古就是以保養用油聞名，對於肌膚和頭髮都非常好，是中國、日本等國家流傳許多世紀的保養聖品。

它含有豐富的蛋白質、維生素A、E，具有高抗氧化物質，其營養價值可與橄欖油相媲美。

山茶花油入皂用於清潔時，同時會在肌膚表面形成保護膜，鎖住水分不乾燥，拿來做洗髮皂或是護髮油也很適合。這款皂以羊乳冰塊代替純水溶鹼，讓皂的保濕滋潤度加倍，洗完澡後的肌膚水嫩不緊繃。

配方 material

油脂

棕櫚油 150g
山茶花油 220g
棕櫚核仁油 150g
乳油木果脂 90g
榛果油 90g

鹼液

氫氧化鈉 98g
羊乳冰塊 236g

複方香氛

Miaroma櫻花 7g（約140滴）
波本天竺葵 6g（約120滴）
真正薰衣草 6g（約120滴）
伊蘭伊蘭 1g（約20滴）
◆複方香氛調和好後，請先放置於陰涼乾燥處，保存1～2星期後再入皂使用。

添加物

皂片（視個人喜好添加）

◆以上材料約可做10塊100g的手工皂，如左圖大小。

作法STEP BY STEP

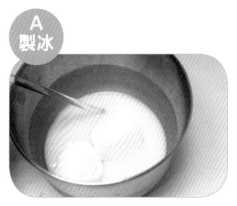

1　將236g的羊乳製成冰塊備用。

2　將步驟1的羊乳冰塊置於不鏽鋼鍋中，再將98g氫氧化鈉分3～4次倒入（每次約間隔30秒），同時必須快速攪拌，讓氫氧化鈉完全溶解。

3　將配方中的油脂全部量好，先將乳油木放入不鏽鋼鍋中隔水加熱，融解後加入軟油讓油脂充分混合。

> **Tips**　秋冬時，棕櫚油和棕櫚核仁油須先隔水加熱後，再與其他液態油脂混合。

4　用溫度計分別測量油脂和鹼液的溫度，二者皆在35℃以下，且溫差在10℃之內，即可混合。

5　將步驟2完成的鹼液邊攪拌邊倒入步驟3的油脂中，順便檢查是否還有未溶解的氫氧化鈉。

6　持續攪拌約25～35分鐘，直到皂液變得濃稠，看起來像美乃滋狀（在皂液表面畫8可清楚看見字體痕跡）。

7　將複方香氛倒入皂液中，再持續攪拌300下。

D 入模

8 將1000g的白色皂液分次倒入模子裡，每倒入一層皂液再加上一層皂片，大約可以分3～4層。

> **Tips** 加入不同顏色的皂片，可以讓手工皂更豐富多變，建議皂片先準備好才不會來不及入模裝飾。

E 脫模

9 大部分的手工皂隔天就會成型，不過油品不同會影響脫模的時間，所以建議放置約3～7天再進行脫模。

10 脫模後，置於陰涼處晾皂，約4～6星期後再使用。（使用前可用試紙測試pH值，若在9以下代表已皂化完全，可以使用囉！）

娜娜媽 小·教·室

山茶花修護油

日本人非常喜歡山茶花油，還給了它「神仙油」的美稱，可見它的保養效果深受大家肯定。娜娜媽也相當喜歡將此修護油抹在髮尾，幫助吹整後更好梳理。

> **Tips** 如果想要與市售的髮油一樣清爽的話，可以在配方中加入會揮發的矽靈，或是可以將精油加到10%的比例，當髮香油使用。

◆ **材料**（成品20g）
山茶花油18g、維他命E2g、伊蘭伊蘭精油3滴、Miaroma白茶玫瑰10滴。

◆ **作法**
將所有材料倒入瓶中，混合均勻即可使用。

◆ **使用方法**
將少許的山茶花修護油沾在指間，來回在髮尾上輕搓即可。注意不要抹太多，否則會太油喔！

◆ 使用前請做肌膚測試，以免造成不適。

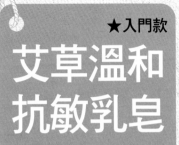

★入門款

艾草溫和抗敏乳皂

給肌膚最細緻的呵護

適合膚質 嬰兒、小朋友、敏感性肌膚

使用技法 倒入渲染法

INS硬度 141

寶寶長時間穿著尿布，屁屁容易長疹子，使用這一款艾草乳皂可以溫和洗淨，呵護寶寶細緻的肌膚，降低長疹子的機率，一般小朋友也適用。

這款皂選用了澳洲胡桃油，它的成分非常類似皮膚的油脂，保濕效果良好，搭配酪梨油使用，可以深層清潔肌膚、改善過敏現象，不會造成肌膚負擔！

添加的低溫艾草粉具有安神的作用，可協助緩和緊張、幫助幼兒睡眠；綠藻粉則富含多種胺基酸及微量元素，具保濕滋潤效果，並可促進細胞再生，入皂後可以讓皂液呈現綠色，用來渲染能讓皂體更美觀。

▶低溫艾草粉。

配方 material

◎ 油脂

棕櫚油 140g
棕櫚核仁油 140g
初榨橄欖油 120g
澳洲胡桃油 100g
酪梨油 100g
乳油木果脂 100g

◎ 鹼液

氫氧化鈉 98g
母乳冰塊 235g（也可用牛乳或水替代）

複方香氛

真正薰衣草 8g（約80滴）
Miaroma紫戀薰衣草 2g（約40滴）
Miaroma清新精粹 1g（約20滴）
◆複方香氛調和好後，請先放置於陰涼乾燥處，保存1～2星期後再入皂使用。

添加物

綠藻粉 3～7g（視個人喜好添加）
低溫艾草粉 3～7g（視個人喜好添加）
◆以上材料約可做10塊100g的手工皂，如左圖大小。

作法STEP BY STEP

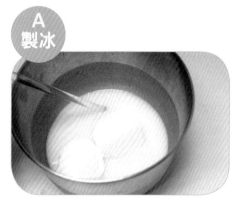

1　將235g的母乳製成冰塊備用。

2　將步驟1的母乳冰塊置於不鏽鋼鍋中，再將98g氫氧化鈉分3～4次倒入（每次約間隔30秒），同時必須快速攪拌，讓氫氧化鈉完全溶解。

3　將配方中的油脂全部量好，乳油木放入不鏽鋼鍋中隔水加熱，融解後加入軟油讓油脂充分混合。

　　Tips 秋冬時，棕櫚油和棕櫚核仁油須先隔水加熱後，再與其他液態油脂混合。

4　用溫度計分別測量油脂和鹼液的溫度，二者皆在35℃以下，且溫差在10℃之內，即可混合。

5　將步驟2完成的鹼液邊攪拌邊倒入步驟3的油脂中，順便檢查是否還有未溶解的氫氧化鈉。

6　持續攪拌約15～20分鐘，直到皂液變得微微的濃稠狀（light trace）（在皂液表面畫線條不會很快沉下去即可，但不能像畫8可看見字體痕跡，否則皂液會因為過於濃稠而無法做渲染）。

7　將複方香氛倒入皂液中，再持續攪拌300下。

D 入模

8 將約1000g的白色皂液分成800g和200g，先將800g皂液倒入模子內。

9 將其他的200g皂液加入過篩後的綠藻粉和低溫艾草粉，攪拌均勻後倒入已入模的白色皂液中，再用筷子隨意畫出線條即完成。

Tips1 隨意倒入後加以渲染，就能做出每一塊紋路都不相同的手工皂，脫模時會充滿驚喜喔！

Tips2 乳皂不需保溫，因為本身有乳脂肪，皂化溫度會比水做的皂化溫度高，冬天可以蓋上一層保鮮膜，防止皂粉出現。

E 脫模

10 大部分的手工皂隔天就會成型，不過油品不同會影響脫模的時間，所以建議放置約3～7天再進行脫模。

11 脫模後，置於陰涼處晾皂，約4～6星期後再使用。（使用前可用試紙測試pH值，若在9以下代表已皂化完全，可以使用囉！）

娜娜媽 小·教·室

寶貝抗敏軟膏

乳油木果脂具有修護的作用；金盞花可以舒緩過敏症狀；苦楝油則是可以殺菌，當寶寶因為包尿布而使屁股容易長疹子，或是身體有其他地方過敏時，都可以擦這款軟膏，減低不適感。

Tips 若是寶寶屁屁上長疹子，可以用真正薰衣草純露＋羅馬洋甘菊純露，以1：1調和後，濕敷約10分鐘。

◆ 材料（成品50g）

乳油木果脂20g、金盞花浸泡油10g、澳洲胡桃油5g、苦楝油5g、橄欖乳化蠟8～10g、羅馬洋甘菊精油10滴、真正薰衣草精油40滴（若欲給兩歲以下嬰幼兒使用，精油於膏狀基底中的比例建議為0.5%）。

◆ 作法

將全部的材料隔水加熱，等油脂都融解降溫後，再加入精油攪拌均勻，就可以裝入容器中，等待約20分鐘凝固後，即可使用。

◆使用前請做肌膚測試，以免造成不適。

HORSE OIL 🌸

★入門款

馬油滋潤 修護乳皂

預防龜裂，修護肌膚

適合膚質 嬰兒、老人、皮膚乾癢者

使用技法 倒入渲染法

INS硬度 138

馬油是修護性很好的油脂，它可以幫助肌膚鎖住水分，防止皮膚乾燥龜裂，配合按摩，效果更好。

馬油含有豐富的高度不飽和脂肪酸和維他命E，具有強大的滲透性，可將毛孔間隙中的空氣擠出，並滲透至皮下組織，在養分被吸收的同時，不但不會阻礙皮膚呼吸，還能使皮膚更健康。

為了降低皂的刺激感，我用了棕櫚核仁油來取代椰子油。添加的白色珠光粉依個人喜好可選擇加或不加，如不添加就不需要將1000g的皂液分次入模了。

配方 material

油脂
棕櫚油 140g
馬油 220g
棕櫚核仁油 140g
初榨橄欖油 100g
乳油木果脂 100g

鹼液
氫氧化鈉 99g
牛乳冰塊 237g

複方香氛
真正薰衣草 9g（約180滴）
Miaroma紫戀薰衣草 1g（約20滴）
◆複方香氛調和好後，請先放置於陰涼乾燥處，保存1～2星期後再入皂使用。

添加物
白色珠光粉 7g（視個人喜好添加）

◆以上材料約可做10塊100g的手工皂，如左圖大小。

作法STEP BY STEP

A 製冰

1　將237g的牛乳製成冰塊備用。

2　將步驟1的牛乳冰塊置於不鏽鋼鍋中，再將99g氫氧化鈉分3～4次倒入（每次約間隔30秒），同時必須快速攪拌，讓氫氧化鈉完全溶解。

B 融油

3　將配方中的油脂全部量好，乳油木放入不鏽鋼鍋中隔水加熱，融解後加入軟油讓油脂充分混合。

> **Tips** 秋冬時，棕櫚油和棕櫚核仁油須先隔水加熱後，再與其他液態油脂混合。

4　用溫度計分別測量油脂和鹼液的溫度，二者皆在35℃以下，且溫差在10℃之內，即可混合。

C 打皂

5　將步驟2完成的鹼液邊攪拌邊倒入步驟3的油脂中，順便檢查是否還有未溶解的氫氧化鈉。

6　持續攪拌約15分鐘，直到皂液變得微微的濃稠狀（在皂液表面畫線條不會很快沉下去即可，但不能像畫8可看見字體痕跡，否則皂液會過於濃稠無法做渲染）。

7　將複方香氛倒入皂液中，再持續攪拌300下。

D
入模

8　將1000g的白色皂液分成800g和200g,先將800g皂液緩緩倒入模子內。

9　將200g皂液加入過篩後的7g白色珠光粉,攪拌均勻後再倒入已入模的白色皂液中,用筷子隨意畫出線條即可。

Tips1　隨意倒入後加以渲染,就能做出每一塊紋路都不相同的手工皂,脫模時會充滿驚喜喔!

Tips2　乳皂不需保溫,因為本身有乳脂肪,皂化溫度會比水做的皂化溫度高,冬天可以蓋上一層保鮮膜,防止皂粉出現。

E
脫模

10　大部分的手工皂隔天就會成型,不過油品不同會影響脫模的時間,所以建議放置約3～7天再進行脫模。

11　脫模後,置於陰涼處晾皂,約4～6星期後再使用。（使用前可用試紙測試pH值,若在9以下代表已皂化完全,可以使用囉!）

娜娜媽
小·教·室

寶寶萬用膏

小寶寶的肌膚細嫩,常常成為蚊蟲叮咬的對象,塗抹一般止癢膏擔心會過於刺激,建議媽媽們自製這一款寶寶萬用膏,安全又放心!

Tips　工具要用75%的酒精消毒過後再使用。

◆材料（成品約60g）
澳洲胡桃油10g、月見草油10g、乳油木果脂20g、橄欖乳化蠟10g、金盞花浸泡油10g、岩玫瑰精油 3滴、廣藿香精油1滴、沈香醇百里香精油1滴。

◆作法
將全部的材料隔水加熱,待油脂完全融解降溫,再加入精油拌勻,就可以裝入罐子,等待凝固後便可使用。

◆使用前請做肌膚測試,以免造成不適。

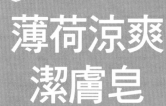

薄荷涼爽潔膚皂

清涼舒暢，抵抗高溫

這一款皂非常適合在炎炎夏日裡使用，洗後會感到清涼舒爽，帶走全身的黏膩不舒服感！添加薄荷腦，清涼感更加倍。

甜杏仁油和芥花油，有良好的保濕度和清爽的特性，讓洗澡變成是一大的享受！男士們也很適合用這款皂進行all in one的清潔，從頭髮、臉、身體，一皂搞定！

 適合膚質 油性肌膚

 使用技法 倒入渲染法

 INS硬度 146

▲加入薄荷腦，能帶來清涼感。

配方 material

◆ 油脂

椰子油 180g
棕櫚油 180g
甜杏仁油 170g
芥花油 85g
酪梨油 85g

◆ 鹼液

氫氧化鈉 105g
迷迭香花水冰塊 253g

◆ 添加物

低溫艾草粉 7g、薄荷腦 7g（視個人喜好添加）

◆ 複方香氛

迷迭香 6g（約120滴）
甜橙花 4g（約80滴）
真正薰衣草 3g（約60滴）
檸檬 2g（約40滴）
安息香 2g（約40滴）
綠薄荷 1g（約20滴）
藍膠尤加利 1g（約20滴）
◆複方香氛調和好後，請先放置於陰涼乾燥處，保存1～2星期後再入皂使用。

◆以上材料約可做10塊100g的手工皂，如左圖大小。

作法STEP BY STEP

1 直接將253g的迷迭香花水製成冰塊備用。

2 將步驟1的迷迭香花水冰塊置於不鏽鋼鍋中，再將105g氫氧化鈉分3～4次倒入（每次約間隔30秒），同時必須快速攪拌，讓氫氧化鈉完全溶解。

3 將配方中的油脂全部量好混合。

Tips 秋冬時，椰子油和棕櫚油等固態的油脂須先隔水加熱後，再與其他液態油脂混合。

4 用溫度計分別測量油脂和鹼液的溫度，二者皆在35℃以下，且溫差在10℃之內，即可混合。

5 將步驟2完成的鹼液邊攪拌邊倒入步驟3的油脂中，順便檢查是否還有未溶解的氫氧化鈉。

6 持續攪拌約15分鐘，直到皂液變得微微的濃稠狀（light trace）（在皂液表面畫線條不會很快沉下去即可，但不能像畫8可看見字體痕跡，否則皂液會過於濃稠無法攪拌做渲染），再將敲碎的薄荷腦加入。

7 將複方香氛倒入皂液中，再持續攪拌300下。

8 將1000g的白色皂液分成900g和100g，先將900g皂液倒入模子內。

9 將100g的皂液加入過篩後的低溫艾草粉，攪拌均勻後，以倒圈圈的方式倒下數個綠色圈圈，大小約50元硬幣左右，再用竹籤隨意畫出線條。

10 將手工皂放入保麗龍箱裡，保溫1～3天。

11 大部分的手工皂隔天就會成型，不過油品不同會影響脫模的時間，建議放置約3～7天再進行脫模。

12 脫模後，置於陰涼處晾皂，約4～6星期後再使用。（使用前可用試紙測試pH值，若在9以下代表已皂化完全，可以使用囉！）

娜娜媽 小教室

波本天竺葵
隨身香水

香氣往往能帶給人愉悅的味覺享受，隨身攜帶一瓶小香水，讓自己保持著芳香的氣息，也能帶來好心情喔！

◆材料（成品約7g）
已陳化香水級酒精6g、波本天竺葵精油15～20滴（精油的香味濃度可以視個人喜好增減調配）。

◆作法
將材料攪拌均勻後，裝入滾珠瓶即可使用。

◆使用方法
輕輕塗抹於手腕或耳後即可。

◆使用前請做肌膚測試，以免造成不適。

OLIVE OIL

Ena'ssoap

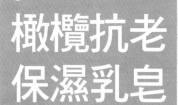

橄欖抗老保濕乳皂

緊緻抗老，天然保濕

 適合膚質　易乾癢者、老人、小孩

 使用技法　分層法＋皂邊運用

 INS硬度　147

這款是針對冬天皮膚易乾癢膚質所設計的皂款。橄欖油起泡度穩定、滋潤度高，含有天然維生素E及非皂化物成分，營養價值較高，能維護肌膚的緊緻與彈性，具有抗老功效，是天然的皮膚保濕劑。通常會選擇初榨（Extra Virgin）橄欖油來製作。

橄欖皂的泡沫柔細但是泡泡量不多，所以搭配上椰子油來達到起泡的效果，或是也可以改用棕櫚核仁油減少椰子油帶來的乾澀感，若不喜歡純橄欖皂沒有泡泡的朋友，可以試試看這一款皂喔！

另外，我還加入了同時兼具橄欖油與乳木果脂特質的橄欖脂，它含有天然保濕成分——角鯊烯，易被人體皮膚吸收，是極滋潤的脂類。

配方 material

油脂

椰子油 120g
棕櫚油 180g
初榨橄欖油 250g
篦麻油 50g
橄欖脂 50g
可可脂 50g

鹼液

氫氧化鈉 102g
牛乳冰塊 245g

複方香氛

甜橙花 8g（約160滴）
芳樟 4g（約80滴）
波本天竺葵 4g（約80滴）
Miaroma白香草 4g（約80滴）
◆複方香氛調和好後，請先放置於陰涼乾燥處，保存1～2星期後再入皂使用。

添加物

皂邊（視個人喜好添加）
◆以上材料約可做10塊100g的手工皂，如左圖大小。

作法STEP BY STEP

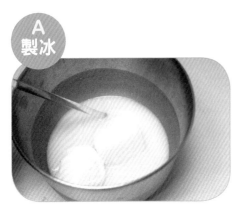

1　將245g的牛乳製成冰塊備用。

2　將步驟1的牛乳冰塊置於不鏽鋼鍋中，再將102g氫氧化鈉分3～4次倒入（每次約間隔30秒）。同時必須快速攪拌，讓氫氧化鈉完全溶解。

3　將配方中的油脂全部量好混合，橄欖脂和可可脂要先隔水加熱融解，再與其他液態油脂混合。

> **Tips**　秋冬時，椰子油和棕櫚油等固態的油脂須先隔水加熱後，再與其他液態油脂混合。

4　用溫度計分別測量油脂和鹼液的溫度，二者皆在35℃以下，且溫差在10℃之內，即可混合。

5　將步驟2完成的鹼液邊攪拌邊倒入步驟3的油脂中，順便檢查是否還有未溶解的氫氧化鈉。

6　持續攪拌約25分鐘，直到皂液看起來像美乃滋狀（在皂液表面畫8可看見字體痕跡）。

7　將複方香氛倒入皂液中，再持續攪拌300下。

D 入模

8　用分層的方式先倒一層約330g的皂液，輕敲搖平後再放入手邊多餘的皂邊做裝飾，以上動作重覆3次即完成。

> **Tips**　乳皂不需保溫，因為本身有乳脂肪，皂化溫度會比水做的皂化溫度高，冬天可以蓋上一層保鮮膜，防止皂粉出現。

E 脫模

9　大部分的手工皂隔天就會成型，不過油品不同會影響脫模的時間，建議放置約3～7天再進行脫模。

10　脫模後，置於陰涼處晾皂，約4～6星期後再使用。（使用前可用試紙測試pH值，若在9以下代表已皂化完全，可以使用囉！）

娜娜媽 小·教·室

冬日修護霜

許多人到了冬天，肌膚就會變得又乾又癢，這一款冬日修護霜具有深度滋潤的效果，陪你度過冷冷寒冬，也很適合在乾燥冷氣房裡當護手霜使用喔！

Tips　工具要用75%的酒精消毒過後再使用。

◆材料（成品約50g）

蘆薈油10g、澳洲胡桃油10g、乳油木果脂10g、橄欖脂10g、橄欖乳化蠟10g、安息香精油1滴、羅馬洋甘菊精油1滴、Miaroma櫻花9滴。

◆作法

將全部的材料隔水加熱，待油脂全部融解降溫後，再加入精油拌勻，就可以裝入罐子，等待凝固後便可使用。

◆使用前請做肌膚測試，以免造成不適。

FRESH PATCHOULI

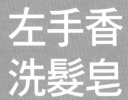

左手香洗髮皂

潔淨頭皮，
刺激毛髮生長

 適合膚質 易頭皮癢、髮質
狀況不佳者

 使用技法 分層法

INS硬度 169

左手香一直是娜娜媽心中第一名的皂材！我的濕疹就是靠它才沒有再復發！左手香本身就是藥草的一種，帶有泥土草地的特殊香氣，具有消炎抗菌的作用。我在這款皂裡添加了新鮮的左手香，如果無法取得，也可以用廣藿香粉替代喔！

酪梨油起泡度穩定、滋潤度高，具有深層清潔的效果；苦茶油可以刺激毛髮生長，讓頭髮充滿光澤，對頭髮非常好！

▲左手香非常容易種植，娜娜媽自己的工作室外就種了一盆，方便入皂使用。

 配方 material

🫗 油脂

椰子油 130g
棕櫚核仁油 200g
苦茶油 100g
酪梨油 100g
澳洲胡桃油 100g
蓖麻油 70g

🫗 鹼液

氫氧化鈉 104g
左手香冰塊 250g

複方香氛

真正薰衣草 10g（約200滴）
綠薄荷 0.4g（約8滴）
胡椒薄荷 1g（約20滴）
西伯利亞冷杉 4g（約80滴）
大西洋雪松 2g（約40滴）
Miaroma 檸檬檜木 2.6g（約52滴）
◆複方香氛調和好後，請先放置於陰涼乾燥處，保存1～2星期後再入皂使用。

添加物

皂邊（視個人喜好添加）
新鮮左手香 50g（視個人喜好添加）

◆以上材料約可做10塊100g的手工皂，如左圖大小。

作法STEP BY STEP

A
製冰

B
融油

1 將左手香洗淨，用200g的純水將
   左手香打成泥，再製成左手香冰
   塊備用。

2 將步驟1的左手香冰塊置於不鏽鋼
   鍋中，再將104g氫氧化鈉分3～4
   次倒入（每次約間隔30秒）。同
   時必須快速攪拌，讓氫氧化鈉完
   全溶解。

3 將配方中的油脂全部量好備用。

   Tips 秋冬時，椰子油和棕櫚油
   等固態的油脂須先隔水加熱後，
   再與其他液態油脂混合。

4 用溫度計分別測量油脂和鹼液的
   溫度，二者皆在35℃以下，且溫
   差在10℃之內，即可混合。

C
打皂

5 將步驟2完成的鹼液邊攪拌邊倒入步驟3的油脂中，順便檢查是否還
   有未溶解的氫氧化鈉。

6 持續攪拌約25分鐘，直到皂液看起來像美乃滋狀（在皂液表面畫8可
   看見字體痕跡）。

7 將複方香氛倒入皂液中，再持續攪拌300下。

D
刨絲

8 將皂邊刨絲備用。

E 入模

9　先倒入一層約500g的皂液，輕敲搖平後放入皂絲，稍微攪拌，讓皂絲和皂液充分融合在一起，才不會產生氣孔，再將剩下的500g左手香皂液倒入，輕敲鋪平即完成。

10　將手工皂放入保麗龍箱，保溫1～3天。

F 脫模

11　大部分的手工皂隔天就會成型，不過油品不同會影響脫模的時間，建議放置約3～7天再進行脫模。

12　脫模後，置於陰涼處晾皂，約4～6星期後再使用。（使用前可用試紙測試pH值，若在9以下代表已皂化完全，可以使用囉！）

娜娜媽
小·教·室

洋甘菊止癢膏

洋甘菊浸泡油有很好的鎮定與安撫效果；苦楝油有殺菌的功能；乳油木有修護、保濕的效果。

◆材料
洋甘菊浸泡油5g、苦楝油5g、乳油木果脂5g、橄欖乳化蠟2g。

◆作法
將全部的材料隔水加熱，待油脂全部融解降溫後，就可以裝入罐子，等待凝固後便可使用。

◆使用前請做肌膚測試，以免造成不適。

Tips　工具要用75%的酒精消毒過後再使用。

LUFFA WATER

★入門款

絲瓜絡去角質皂

去除角質，柔嫩肌膚

適合膚質 **角質粗厚者、去角質**

使用技法 **填充法／分層法**

INS硬度 142

絲瓜的功能及好處很多，不但能入菜、絲瓜水更是天然保養品，絲瓜絡還可以用來清潔。

這款皂我用絲瓜水取代純水來溶鹼。絲瓜水又有「美人水」之稱，可以除皺美白，還能讓肌膚充滿彈性，也可以拿來當作一般化妝水使用。

將絲瓜絡一同入皂，可以達到深層去角質的效果。入模時有兩種作法，一種是將絲瓜絡當做模具，把皂液直接倒入其中；另一種則是將絲瓜絡當作分層的材料，兩種方式做出來的皂都很特別，也很好用喔！

▲將絲瓜絡當作分層材料，做出來的皂也很漂亮喔！

配方 material

油脂

椰子油 150g
棕櫚油 150g
初榨橄欖油 100g
米糠油 100g
乳油木果脂 100g
篦麻油 100g

鹼液

氫氧化鈉 102g
絲瓜水冰塊 245g

複方香氛

真正薰衣草 14g（約280滴）
安息香 4g（約80滴）
胡椒薄荷 2g（約40滴）
◆複方香氛調和好後，請先放置於陰涼乾燥處，保存1～2星期後再入皂使用。

添加物

絲瓜絡

作法STEP BY STEP

A
製冰

1　將245g的絲瓜水製成冰塊備用。

2　將步驟1的絲瓜水冰塊，置於不鏽鋼鍋中，再將102g氫氧化鈉分3～4次倒入（每次約間隔30秒）。同時必須快速攪拌，讓氫氧化鈉完全溶解。

B
融油

3　將配方中的油脂全部量好，將乳油木果脂放入不鏽鋼鍋中隔水加熱，融解後加入其他軟油讓油脂充分混合。

　　Tips　秋冬時，椰子油和棕櫚油等固態的油脂須先隔水加熱後，再與其他液態油脂混合。

4　用溫度計分別測量油脂和鹼液的溫度，二者皆在35℃以下，且溫差在10℃之內，即可混合。

C
打皂

5　將步驟2完成的鹼液邊攪拌邊倒入步驟3的油脂中，順便檢查是否還有未溶解的氫氧化鈉。

6　持續攪拌約20分鐘，直到皂液看起來像美乃滋狀（在皂液表面畫8可看見字體痕跡）。

7　將複方香氛倒入皂液中，再持續攪拌300下。

D 入模　填充法

8　準備數個12cm高的絲瓜絡、保鮮膜和膠帶。先用保鮮膜從絲瓜絡底部沿著四周包緊後用膠帶固定，建議包覆兩層比較不會破損。

　　Tips 買回來的絲瓜絡請先清洗曬乾後再使用。

9　先將皂液倒入量杯，再倒入絲瓜絡，避免溢出，全部倒完後再輕敲絲瓜絡，讓皂液充分填滿空隙。

E 入模　分層法

10　先倒入一層約500g的皂液，將皂液輕敲搖平後，放入拉長的絲瓜絡，再將剩下的500g皂液倒入即完成。

F 脫模

11　大部分的手工皂隔天就會成型，不過油品不同會影響脫模的時間，建議放置約3～7天再進行脫模。

12　脫模後，置於陰涼處晾皂，約4～6星期後再使用。（使用前可用試紙測試pH值，若在9以下代表已皂化，可以使用囉！）

WOOL FELT

羊毛氈
去角質皂

色彩繽紛，泡泡綿密

 使用技法 羊毛氈包覆法

 製作時間 20分鐘

▲利用羊毛氈包覆手工皂，
讓色彩造型更繽紛！

示範達人

因為作皂，娜娜媽認識了其他不同手作領域的好朋友，教學相長之下，也讓手工皂有更多變化與可能性。

這一款皂也是因為認識羊毛氈達人小魚老師而來的，發現利用羊毛氈包覆皂之後，能讓色彩造型變得繽紛，深受大朋友及小朋友喜歡，家裡擺上這樣的手工皂，小朋友應該不用媽媽提醒，自己就會勤洗手了吧，呵呵！

而包覆羊毛氈的皂除了造型美觀之外，還具有去角質和易起泡的作用，也很適合用於洗澡清潔。只要加上一點巧思，就能讓手工皂完全變身，快跟著小魚老師一起動手做做看吧！

羊毛氈手作達人──小魚老師
熱愛手感、狂戀各式創意手作到無可救藥的一尾小魚。
利用羊毛氈、布作、橡皮章到銀飾等各種素材作完美結合，讓作品洋溢著滿滿的幸福感。目前在多個手作教室開班分享，帶著大家一起去體驗生活中的小確幸。
FB粉絲團：魚市場https://www.facebook.com/fishplace
部落格：http://fishmarket2010.pixnet.net/blog

作法STEP BY STEP

1　準備好熱水、短絲襪、盛水托盤、手工皂、各色羊毛等。

2　將羊毛拉長延展，整理成長條片狀，取出每一段大約可以包覆住手工皂的長度。

3　先用黃色的羊毛將整塊皂的四周完全包覆，再加上其他不同顏色，包覆時注意要將四周拉緊，避免鬆脫。

4　將包覆好的羊毛皂放進短絲襪裡，再將絲襪綁緊打結，幫助固定好羊毛。

5　在羊毛皂上淋上熱水，將皂完全打濕。

6　用雙手手掌心施力搓揉羊毛皂，讓羊毛氈化緊縮（羊毛遇熱水會緊縮），與手工皂完全結合，必須氈化到用食指及拇指的指尖施力拉成品時，不會超過0.5cm。

7　將完成的羊毛氈皂從絲襪中取出後，再置於通風良好處陰乾就完成囉！

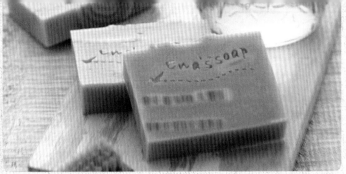

你最想知道的手工皂 Q&A

Q 做皂一定要用純水嗎？

A 做皂時水的乾淨程度很重要，如果水中有過多雜質，會讓皂提前酸敗，所以一定要使用煮過的開水或是過濾過的純水，另外也不能使用礦泉水，因為水中的礦物質會影響皂完成後的起泡度，洗淨力較不佳。若是在南部使用手工皂會發現，較不易起泡，這是因為南部水為硬水的關係（含有高濃度礦物質），而且也較容易有皂垢出現。

Q 手工皂容易出現什麼問題？

A 下面是大家在製作手工皂時，最常出現的五種失誤情況：

白粉： 通常發生在皂的表面，是因為溫差造成，不影響使用。乳皂建議在冬天時用保鮮膜覆蓋，防止皂粉產生。

鬆糕： 可能是攪拌不均勻導致皂化不完全，造成肥皂一切就碎（過鹼肥皂太硬，肥皂也會一切就碎）。

◀ 就容易破碎。過鹼肥皂太硬，

酸敗： 高溫或潮濕容易造成手工皂酸敗，酸敗的皂會出現油耗味或是開始起黃斑，同時摸起來會黏黏滑滑的，液體皂也很容易發生。

◀ 流動狀，有油耗味。固體皂酸敗起黃斑；液體皂酸敗會變成

果凍： 因為皂化的溫度比較高，熱氣在底部不易散開所形成的果凍現象，有果凍現象的皂通常會偏軟，但皂化很完整，所以洗感更加溫潤。

○　×

發霉： 台灣氣候潮濕，如果在皂上面添加花草裝飾時，就較容易造成發霉。

你最想知道的手工皂 Q&A

Q 如何切出漂亮的手工皂？

A 手工皂做好不要立即切，要置放風乾三天後再切才會好下刀（除了海鹽皂和家事皂必須四小時脫模）。切皂時可以用尺輔助，先畫好記號再下刀，就能切出漂亮、大小一致的皂。

建議選用塗有鎢鋼外層的刀具，切皂時比較不會沾黏，刀面要選擇跟皂體差不多的高度，較好施力。

Q 手工皂裡還有殘鹼怎麼辦？

A 氫氧化鈉沒有完全溶解，建議用再製法重製，避免使用到有氫氧化鈉的手工皂。將手工皂切小塊用電鍋蒸到軟，可以加10%～20%的水幫助軟化，再將其重新入模。

Q 手工皂過於軟爛怎麼辦？

A 手工皂有時會過於軟爛，使用起來相當不便，但是其實軟爛的部分都是甘油成分，直接丟棄相當可惜。可以將手工皂切半，兩塊輪流使用，就能避免皂體長時間潮濕軟爛。

Q 為什麼做完的肥皂不能馬上使用呢？

A 因為剛做好的皂還有一些氫氧化鈉尚未作用完畢，所以需要至少一個月的時間，讓皂完成皂化反應。一個月以後，當手工皂的pH 值下降到8～9就可以使用，若不是要急用的話，建議將手工皂放越久會越溫和，洗感更優喔！

Q 手工皂一定要保溫嗎？

A 冷製皂建議都要保溫，利用溫度可以讓皂皂化的更完整，乳皂則不需要保溫。

Q 皂上為什麼會浮一層油？

A 油脂和鹼液在混合時如果沒有攪拌均勻，就會導致做出來的皂油水分離，建議用再製法重製。要避免這個狀況，建議一定要在打皂時，將皂液打到可以畫8的狀態，讓肥皂皂化的更完整。

PART 4 居家清潔皂

安心洗淨，不用擔心化學藥劑殘留

每天做家事，雙手不知不覺變得好粗糙……，
天然的清潔皂溫和不傷手，
洗衣、洗碗都好放心！

MASHED POTATO

馬鈴薯去汙皂

吸附髒汙，徹底洗淨

什麼！馬鈴薯也可以入皂？馬鈴薯裡的高澱粉含量，對於吸附油脂、髒汙有很棒的效果！這款皂我將馬鈴薯帶皮洗淨打成泥，加入家事皂裡，清潔效果一級棒，使用過的朋友們都大力稱讚呢！

衣服的領口、袖口總是容易卡著髒汙，難以清洗，用這款馬鈴薯皂塗抹在髒汙處，再輕輕刷除，若是陳年汙垢可以先靜置1~2小時效果更好。也可以用於清潔廚房裡的瓦斯爐具，塗抹後再用菜瓜布刷除，廚房立即煥然一新！

適合用途	清洗衣服髒汙、廚房油垢
使用技法	皂章裝飾
INS硬度	229

Before

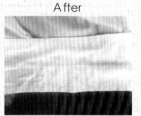
After

▲馬鈴薯皂可以有效除去領口、袖口的髒汙，因為有澱粉的關係，洗過的衣服會像過漿一樣挺喔！

配方 material

 油脂
椰子油 600g
芥花油 100g

 鹼液
氫氧化鈉 127g
冰塊 205g
純水 100g

 複方香氛
藍膠尤佳利 7g（約140滴）
茶樹 3g（約60滴）

添加物
馬鈴薯泥 230g

◆以上材料約可做10塊100g的手工皂，如左圖大小。

皂友分享

以前我刷浴缸都要忍受嗆鼻的化學清潔劑。馬鈴薯去汙皂不但能輕鬆把髒汙去除，不咬手又環保，從此不用擔心吸入刺激的化學氣味。

Buty Su

作法STEP BY STEP

A 製冰

1　將205g的純水製成冰塊備用。

2　將步驟1的純水冰塊置於不鏽鋼鍋中，再將127g氫氧化鈉分3～4次倒入（每次約間隔30秒），同時必須快速攪拌，讓氫氧化鈉完全溶解。

B 融油

3　將配方中的油脂全部量好備用。

　　Tips　秋冬時，椰子油為固態油脂，須先隔水加熱後，再與其他液態油脂混合。

4　用溫度計分別測量油脂和鹼液的溫度，二者皆在35℃以下，且溫差在10℃之內，即可混合。

C 製泥

5　將230g馬鈴薯洗乾淨切小塊，與100g的純水用電動攪拌器打成馬鈴薯泥。

6 將步驟2完成的鹼液邊攪拌邊倒入步驟3的油脂中，順便檢查是否還有未溶解的氫氧化鈉。

7 將複方香氛倒入皂液中，再持續攪拌300下。

8 持續攪拌約20分鐘，再將馬鈴薯泥拌入攪拌，直到皂液變得濃稠，看起來像美乃滋狀（在皂液表面畫8可看見字體痕跡）。

D 打皂

E 入模

9 將皂液倒入模子。

10 這款皂椰子油的比例高，肥皂會較硬，大約4小時就可以脫模。雖然家事皂很快可以脫模，但仍建議放置一個月後再使用。（使用前可用試紙測試pH值，若在9以下代表已皂化，可以使用囉！）

Tips 如要蓋皂章，脫模就後要馬上進行，不然會蓋不下去喔！

娜娜媽 小·教·室

蓋皂章的小技巧

很多人在蓋皂章時，往往無法壓出完美的形狀，只要掌握以下小技巧，蓋出漂亮的形狀一點都不難喔！

❶ 利用手掌心的力量往下按壓，千萬不要只用手指的力量，以免受力不平均。

❷ 按壓皂章時，感覺到皂章往下陷並貼緊皂面後，再輕輕的上下搖一搖再拔起，切記不要猛然直接將皂章拔起來，以免把皂也一起拉上來，破壞皂的美觀。

❸ 海鹽皂和家事皂的配方，做好4小時就需進行脫模並蓋皂章，置放太久皂就會變得太硬而不好蓋。

ORANGE OIL

Handmade Soap

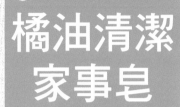

橘油清潔家事皂

清潔力強，驅蟲效果佳

橘油是近年來很熱門的清潔成分，清潔力強，是純天然的去汙劑。所以在這款家事皂裡我加入了橘油，不僅清潔效果更佳，更具有天然抑菌與防蟎驅蟲的效果，在使用時還會散發出天然的柑橘香味，用於清潔碗盤或衣物，都有很棒的效果！

在這款皂裡，我加入多餘的皂邊來豐富家事皂的造型，也可以加入一些絲瓜絡，使用起來會更方便實用呢！

適合用途	清潔衣物或碗盤
使用技法	皂邊運用
INS硬度	250

▲用橘油家事皂清潔碗盤有很棒的效果。

配方 material

 油脂
椰子油 650g
棕櫚油 50g

 鹼液
氫氧化鈉 131g
純水 300g

 添加物
橘油 35g
皂邊（視個人喜好添加）

◆以上材料約可做10塊100g的手工皂，如左圖大小。

作法STEP BY STEP

1 將300g的純水製成冰塊備用。

2 將步驟1的純水冰塊置於不鏽鋼鍋中，再將131g氫氧化鈉分3～4次倒入（每次約間隔30秒），同時必須快速攪拌，讓氫氧化鈉完全溶解。

3 將配方中的油脂全部量好備用。

Tips 秋冬時，椰子油和棕櫚油等固態的油脂須先隔水加熱後，再與其他液態油脂混合。

4 用溫度計分別測量油脂和鹼液的溫度，二者皆在35℃以下，且溫差在10℃之內，即可混合。

5 先將鹼液過篩，檢查是否還有未溶解的氫氧化鈉，再與油脂混合。

6 持續攪拌約25分鐘，再將35g橘油倒入皂液中，直到皂液變得濃稠，看起來像美乃滋狀（在皂液表面畫8可看見字體痕跡）。

7　將皂邊隨意放入模具裡，先倒入一半的皂液，讓皂液與皂邊均勻混合，避免做出來的皂有太多的氣泡，再倒入剩下的皂液即可。

8　這款皂椰子油的比例高，肥皂會較硬，大約4小時就可以脫模。雖然家事皂很快可以脫模，但仍建議放置一個月後再使用。（使用前可用試紙測試pH值，若在9以下代表已皂化完全，可以使用囉！）

Tips　如要蓋皂章，脫模後就要馬上進行，不然會蓋不下去喔！

DIY皂台，讓皂乾淨不黏稠

有時手工皂置於潮濕的環境，會容易變得黏稠軟爛，其實要避免這種情形很簡單，我們可以利用保特瓶製作成皂台，將肥皂上多餘的水分排出，就能讓皂保持乾爽，是省錢又環保的DIY方法。盛接後的肥皂水還可以裝進噴瓶裡，當作對付蟑螂的武器，是不是一舉兩得的好方法呢！

◆材料
剪刀、洗乾淨的寶特瓶1個（瓶蓋先拿掉）、可愛的膠帶。

◆作法
用剪刀將保特瓶剪下1/3，再將瓶口倒扣放在保特瓶底座上即可，如果想要美化寶特瓶皂台，可以用可愛的膠帶來裝飾喔！

Tips　寶特瓶剪過的部分可以用打火機火烤一下，才不會刮傷手。

TEA SEED

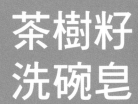

茶樹籽
洗碗皂

沖洗容易，天然環保

茶樹籽是老一輩的人都知道的天然清潔用品，具有去油膩的特性，而且溫和不傷皮膚，常常使用在洗碗、身體清潔等等。依循老祖宗的智慧，將茶樹籽粉入皂，讓清潔這件事回到最初、最原始的方式，深深體會到「天然的最好」！

這款皂的清潔力佳，又具有殺菌功效，用來清洗餐具，去油效果很好，而且容易沖洗，不必擔心化學殘留、汙染環境，又不傷手。

添加茶樹籽粉後皂液會變成深褐色，想要讓皂多點變化的話，可以添加各色的皂邊，讓家事皂也能擁有美麗的造型，在做家事的同時，享受到多一點的樂趣！

適合用途　清洗碗盤油汙

使用技法　皂邊運用

INS硬度　258

配方 material

💧 **油脂**
椰子油 700g

💧 **鹼液**
氫氧化鈉 133g
純水 320g

🧴 **複方香氛**
藍膠尤加利 4g（約80滴）
山雞椒 3g（約60滴）
檸檬 3g（約60滴）

🧴 **添加物**
皂邊（視個人喜好添加）
茶樹籽粉 14g

◆以上材料約可做10塊100g的手工皂，如左圖大小。

作法STEP BY STEP

1　將320g的純水製做成冰塊備用。

2　將步驟1的純水冰塊置於不鏽鋼鍋中，再將133g氫氧化鈉分3～4次倒入（每次約間隔30秒），同時必須快速攪拌，讓氫氧化鈉完全溶解。

3　將配方中的油脂全部量好備用。

Tips　秋冬時，椰子油須先隔水加熱後，再與其他液態油脂混合。

4　用溫度計分別測量油脂和鹼液的溫度，二者皆在35℃以下，且溫差在10℃之內，即可混合。

5　將步驟2完成的鹼液邊攪拌邊倒入步驟3的油脂中，順便檢查是否還有未溶解的氫氧化鈉。

6　持續攪拌約20分鐘，再將茶樹籽粉過篩倒入皂液，直到皂液變得濃稠，看起來像美乃滋狀（在皂液表面畫8可看見字體痕跡）。

7　將複方香氛倒入皂液中，再持續攪拌300下。

8　將皂邊隨意放入模具裡，先倒入一半的皂液，讓皂液與皂邊均勻混合，避免做出來的皂有太多的氣泡，再倒入剩下的皂液即可。

9　這款皂椰子油的比例高，肥皂會較硬，大約4小時就可以脫模。雖然家事皂很快可以脫模，但仍建議放置一個月後再使用。（使用前可用試紙測試pH值，若在9以下代表已皂化，可以使用囉！）

Tips 如要蓋皂章，脫模後就要馬上進行，不然會蓋不下去喔！

茶樹籽皂的使用分享

皂友分享❶：拒絕化學洗劑，天然好放心！

以前總是很擔心用一般的清潔劑清洗小Baby的貼身衣物，後來收到娜娜媽的茶樹籽家事皂後，立刻試用看看，沒想到可以不費力的將累積很久的頑固髒污去除，清洗過後，潔淨如新，最重要的是不用擔心會有不好的化學洗劑殘留，推薦給爸爸媽媽們！

張純綺

皂友分享❷：去除油汙，效果一極棒！

收到娜娜媽的茶樹籽家事皂後，立刻就拿給媽媽試用，原本媽媽還懷疑用肥皂洗碗的效果，沒想到一用之後就愛上了！媽媽說茶樹籽皂不僅去除油汙的效果很好，洗完碗之後，手也不會覺得乾喔！

陳小弟

皂友分享❸：泡沫柔細，散發天然香氣

老早就聽説茶樹籽皂的功力了，我將茶樹籽皂取代冷洗精清洗貼身衣物。使用後才發現，天然手工皂真的很不一樣，一般冷洗精的味道雖然很香，但卻是化學添加物散發出來的味道，手工皂沒有過多的人工香味，卻一樣能洗淨衣物，泡沫也很溫和，只要親身體驗過，就會不由自主的想跟身邊的人推薦呢！

小怡

SOY CANDLE

自製環保大豆蠟燭
天 然 無 毒 ， 真 正 放 心 ！

　　很多人喜歡在家點上薰香蠟燭，享受淡淡燭光與微微芳香帶來的放鬆感。不過一般的蠟燭是由石化蠟所製成，燃燒時會產生有害物質，吹熄後還會冒出黑煙及散發出一股很重的蠟味，反而會對人體造成傷害。

　　如果想要安心享受蠟燭帶來的好處，最好還是自己動手做，選擇天然無毒的環保大豆蠟燭，不但製作方法簡單、成本便宜，使用起來也更為放心。

安穩舒眠
蠟燭

放鬆心情，鎮定情緒

VALERIAN

適合
用途 睡前放鬆，也可當
護手霜使用

保存
期限 12個月

製作
難度 ★★★☆☆

繡草是一種香草植物，有緩解失眠、放鬆肌肉的效果，所以在這一款蠟燭裡，我加入了繡草精油，有失眠或睡眠品質不好的人，不妨在睡前點上這款舒眠蠟燭，來達到放鬆心情與安撫情緒的效果！

這款蠟燭加入了乳油木果油，具有很好的滋潤保濕力，也可以沾上一點蠟液塗抹在手上，當作護手霜使用。

配方
MATERIAL

 蠟燭比例
環保大豆蠟燭（硬）50g
環保大豆蠟燭（軟）30g
已精緻乳油木果油 20g

複方香氛
Miaroma綠檀 6g（120滴）
繡草 3滴

作法
STEP BY STEP

A
準備

1 將燭心擺到杯底測量高度，燭心要比杯緣高約1～1.5cm，再將多餘的燭心剪掉。

B
測量

2 將軟、硬環保大豆蠟燭和乳油木果油分別測量好備用。

3　將燭心用熱融膠固定於容器底部，可以用玻棒輔助按壓固定。

4　將軟、硬環保大豆蠟和乳油木隔水加熱到60℃，使其融合。

5　等到蠟液降溫到55℃後，加入精油，再攪拌均勻。

6　將融合好的蠟液倒入容器中，等待冷卻凝固後就可以使用囉！

娜娜媽
小·教·室

DIY蠟燭包裝

覺得玻璃容器過於單調嗎？利用漂亮襯紙，加上透明包裝紙包覆瓶身，就可以讓平凡的玻璃瓶變成高雅精緻的容器，大家一起試試看吧！

室內清新
蠟燭

迷人香氛，心曠神怡

LITSEA CUBEBA

適合用途 室內香氛

保存期限 12個月

製作難度 ★★☆☆☆

連日下雨或是空氣過於潮濕，容易產生令人不舒服的霉味，想要去除室內不好的味道嗎？我們可以用環保大豆蠟添加幾款具有清新氣味的精油，做成室內香氛蠟燭，趕走難聞氣味，讓室內充滿舒服的香氛，心情也會變好喔！

配方
MATERIAL

🕯 **蠟燭比例**
環保大豆蠟燭（硬）65g
環保大豆蠟燭（軟）35g

🧴 **複方香氛**
馬鞭草花園 5g（約100滴）
山雞椒 3g（約60滴）
胡椒薄荷 2g（約40滴）

作法
STEP BY STEP

A 準備

1　將燭心擺到杯底測量高度，燭心要比杯緣高約1～1.5cm，再將多餘的燭心剪掉。

2 將軟、硬環保大豆蠟分別測量好
備用。

3 將燭心用熱融膠固定於容器底
部，可以用玻棒輔助按壓固定。

4 將軟、硬環保大豆蠟隔水加熱到
60℃，使其融合。

5 等到蠟液降溫到55℃後，加入精
油，再攪拌均勻。

6 將融合好的蠟液倒進黏好燭心的
容器中，等待冷卻凝固後就可以
使用囉！

天然防蚊
蠟燭

天然無毒，有效防蚊

ANTI MOSQUITOES

適合
用途　**防止蚊蟲**

保存
期限　12個月

製作
難度　★★☆☆☆

　　每到夏天蚊蟲總是特別多，除了點蚊香或是用捕蚊燈以外，你可以有更天然安心的選擇！將環保大豆蠟中加入草本防蚊精油，就能做成天然的防蚊蠟燭，若不小心被蚊蟲叮咬，還可以先塗少許的蠟液舒緩皮膚的搔癢症狀，只要簡單的材料和步驟就可以完成，一起來試試看吧！

配方
MATERIAL

 蠟燭比例
環保大豆蠟燭（硬）60g
環保大豆蠟燭（軟）40g

複方香氛
草本防蚊精油 15g

◆精油添加的比例可視薰香空間的大小，自行調整濃度，1坪約添加1～3g，可視自己喜歡的香味濃度增減。

作法
STEP BY STEP

A
準備

1　將燭心擺到杯底測量高度，燭心要比杯緣高約1～1.5cm，再將多餘的燭心剪掉。

B
測量

2　將軟、硬環保大豆蠟分別測量好備用。

3 將燭心用熱融膠固定於容器底部,可以用玻棒輔助按壓固定。

4 將軟、硬環保大豆蠟隔水加熱到60℃,使其融合在一起。

5 等到蠟液降溫到55℃後,加入精油,再攪拌均勻。

6 將融合好的蠟液倒入容器中,等待冷卻凝固後就可以使用囉!

娜娜媽 小·教·室

DIY蠟燭包裝

利用各色紙膠帶的搭配,讓透明的玻璃杯可以隨心所欲變化成獨一無二的容器,每個人都能發揮創意巧思DIY!

聖誕節慶蜂蠟

營造出聖誕節的氣氛

 BEESWAX

適合
用途
造型特別，適合做為布置擺設，營造過節氣氛

保存
期限
12個月

★★☆☆☆

聽說國外過聖誕節前要做的事情之一，就是自己製作蜂蠟蠟燭！這一款利用蜂蠟捲製而成的蠟燭，製作非常簡單，很適合親子一起DIY，完成的成品也相當具有質感，不論是做為聖誕禮物，或是放在家中當作擺設，都是很好的選擇！

◀ 簡單綁上繩子，就能讓蜂臘更有造型喔！

作法
STEP BY STEP

A 準備

1　準備剪刀、燭心、蜂蠟片、精油（依個人喜好選擇）。

B 固定

2　將燭心擺放在蜂蠟片邊緣上，用蜂蠟片包捲住燭心，並且用手稍微按壓使其固定。

3　將蜂蠟片往前捲2～3捲。

4　滴入自己喜歡的精油，大約5～10滴即可。

5　將蜂蠟片繼續輕推捲起，加入精油過後的蜂蠟片容易裂掉，需小心輕推。捲完後拿剪刀將多餘的燭心剪掉

6　用手壓緊接縫，讓蠟燭固定形狀，避免蠟燭散開即完成。

Tips　精油不宜添加過多，以免造成蜂蠟片太濕而裂開。

娜娜媽
小·教室

薰香擴香竹

薰香有很多種方式,有噴霧式或是像擴香石、擴香竹。擴香竹是利用蘆葦草的空隙吸附精油來達到擴香的效果,因為不需插電所以很環保。一瓶100ml的薰香擴香竹大約可以使用1.5~2個月,放在臥室或是廁所都能帶來芬芳的香氣喔!

◆ 材料（成品約100ml）
薰香基底95g、蘆葦草6隻。

◆ 複方香氣
胡椒薄荷12滴、山雞椒40滴、迷迭香40滴、馬鞭草花園308滴。

◆ 作法
將全部材料裝瓶,混合均勻後插入蘆葦草即完成。

Tips 薰香基底可用75%藥用酒精代替,但是成品會有較重的酒精味,會影響氣味表現,顏色也會變濁白。

Tips 請用純精油,不要使用香精製作。

散發香氣的月光寶盒

找一個漂亮的盒子,放入一些棉花球或是化妝棉,再滴上精油,就能讓室內散發香氣,還是一個很好的裝飾品呢!

自製無毒蠟燭
Q&A

Q 用不完的蠟燭如何處理？

A 利用再製法，將剩餘的蠟燭集中隔水加熱融解，再擺放燭心、倒入燭液到容器即可。

Q 製作後的工具材料如何清洗？

A 沾到燭液材料的工具可以先用熱水燙過，讓燭油稍微融解後，再用熱水加上手工皂清洗即可。

Q 自製蠟燭的容器要如何選擇？

A 建議用有厚度的玻璃罐，或是馬克杯。容器的瓶口不能太窄，以免不易點燃；避免馬口鐵材質，以免高溫燙傷。

Q 為什麼要使用精緻過後的油？

A 未精緻的油品本身具有獨特的味道，會影響精油的味道，所以儘量使用精緻過後的油，才不會影響添加精油的香氣。

Q 環保大豆蠟有什麼優點？

A 環保大豆蠟的好處多多，也是近年來香氛迷愛用的材料，優點如下：

❶ 環保又安全

石蠟是石化產物，燃燒時會產生有毒氣體，環保大豆蠟則可以完全燃燒，不會汙染空氣，所以也不會造成人體呼吸上的危害。

❷ 可當護手霜

大豆蠟本身擁有很好的滋潤保濕效果，加上蠟液本身溫度不高（約38～43℃），可以直接拿來當天然的護手霜使用。娜娜媽通常再會添加乳油木果脂，滋潤效果更棒！

❸ 燃燒時間長

大豆蠟的燃燒時間大約比一般石蠟長30％。

❹ 除臭效果佳

點上環保大豆蠟燭，可以輕易的去除屋內不好聞的味道，像是菸味或霉味等等。

PART 5 天然液體皂

擠壓方便，使用更順手

液體皂皂化快速，只要將皂糰稀釋，滴上精油，
就能作成洗髮精、洗衣精、卸妝慕絲……，
讓全家人用得安心、皮膚更健康！

液體皂
配方 DIY

　　液體皂的黃金三要素是「油脂、水分、氫氧化鉀」，和固體皂一樣，因為油品不同，必須計算油品、氫氧化鉀，以及水分的比例，但和固體皂不同的是，液體皂不用計算INS硬度。首先，我們必須知道每一種油脂的皂化價，大家要注意，氫氧化鈉跟氫氧化鉀的油脂皂化價是不一樣的喔！

氫氧化鉀的計算方式

油脂種類	皂化價 （氫氧化鉀）	油脂種類	皂化價 （氫氧化鉀）
椰子油	0.266	榛果油	0.1898
澳洲胡桃油	0.1946	杏核油	0.189
米糠油	0.1792	橄欖油	0.1876
酪梨油	0.1862	葵花油	0.1876
苦茶油	0.191	開心果油	0.1863
苦楝油	0.195	芝麻油	0.1862
篦麻油	0.18	芥花油	0.1856
棕櫚核油	0.2184	小麥胚芽油	0.1834
玫瑰果油	0.193	棕櫚油	0.1974
山茶花油	0.191	乳油木果脂	0.1792
可可脂	0.1918	葡萄籽油	0.1771
甜杏仁油	0.1904	荷荷芭油	0.0966
月見草油	0.19		

了解皂化價後，便可開始計算製作液體皂時的氫氧化鉀用量，計算公式如下：

氫氧化鉀用量＝（A油重×A油脂的皂化價）＋（B油重×B油脂的皂化價）＋……

　　我們以白柚卸妝慕絲的配方（見P.121）為例，配方中包含椰子油120g、澳洲胡桃油60g、米糠油60g、酪梨油60g，其氫氧化鉀的配量計算如下：

（椰子油120g×0.266）＋（澳洲胡桃油60g×0.1946）＋（米糠油60g×0.1792）＋（酪梨油60g×0.1862）＝31.92＋11.676＋10.752＋11.172＝65.52g →四捨五入即為66g。

　　計算出氫氧化鉀的用量之後，便可推算溶解氫氧化鉀所需的水量，娜娜媽這次的溶鹼水量是以2.5倍計算，即「水量＝氫氧化鉀的2.5倍」，這樣的配方可以讓液體皂縮短皂化時間，讓皂糰1～2天就變成透明狀。以上述例子來看，66g的氫氧化鉀，溶鹼時必須加入66g×2.5＝165g的水。

娜娜媽
小·教·室

Q：如何判斷液體皂是否成功？
A：液體皂剛打完是呈現白色或是半透明狀（看配方），只要皂糰變成完全透明，就代表皂化成功，用試紙測試pH值，如果在9以下，就可以稀釋裝瓶囉！如果皂糰一直都是白色的，代表可能鹼量不夠，即使放再久也無法變成透明。

Q：製作液體皂時，油品要如何選擇？
A：在選擇製作液體皂的油品時，要避免選擇易酸敗的油品，像是芥花油、甜杏仁油、大豆油、葡萄籽油。
乳油木、可可脂、牛油、豬油、棕櫚油等脂類，用在冷製皂可以增加皂的硬度，但液體皂不需要硬度，反而會因為含有硬脂酸和棕櫚酸，容易讓液體皂的皂糰無法變透明，也會影響清潔度和皂液的清澈度，因此盡量避免使用。

AVOCADO OIL & POMELO

白柚
卸妝慕絲

深層清潔、溫和洗淨

這款卸妝慕絲使用了營養價值極高的酪梨油，它具有非常棒的深層清潔效果，同時還能滋潤肌膚、消除細紋、保濕抗氧化。

香氛上則是選用了白柚精萃，在卸妝的同時，還能聞到淡淡的果香和花香。利用慕絲瓶直接按壓就可以擠出綿密泡泡，溫和洗淨臉上多餘的彩妝。

 適合膚質 **各種膚質皆適用**

 皂糰總重 **約520～560g**

 使用方法 **慕絲壓瓶**

▲慕絲瓶可以直接擠出泡泡，方便使用。

配方 material

油脂

椰子油 120g
澳洲胡桃油 60g
米糠油 60g
酪梨油 60g

鹼液

氫氧化鉀 66g
純水 165g

精油

Miaroma白柚精萃 3.5～4g（約80滴）
（視個人喜好添加）

作法STEP BY STEP

1 在工作檯上鋪上報紙或是塑膠墊，避免傷害桌面，同時方便清理。戴上手套、護目鏡、口罩、圍裙等防護。

2 分別測量好油脂、氫氧化鉀、水的分量。

3 將配方中的油脂混合後，加熱到85℃備用。

4 將氫氧化鉀分2～3次慢慢倒入裝有純水的量杯中，可用玻棒稍微攪拌。

5 等到氫氧化鉀完全溶解，且鹼液溫度維持在70～80℃之間，即可將鹼液倒入步驟3的油脂中混合。

6 用打蛋器均勻且快速的攪拌，約3分鐘之後，改用電動攪拌器打至皂糰黏稠難以攪拌。

7 用湯匙繼續手動攪拌皂糰（約需3～15分鐘），直到變成無法攪拌的麥芽糖狀即可。

8 將皂糰放在鍋子裡，並用保鮮膜
封口保溫。

9 用毛毯或毛巾包住鍋子，放入保
麗龍箱中保溫1天至2個星期（視
配方調整時間）；或是直接放到
電鍋裡蒸煮3小時後，再插電保溫
8小時，隔天再用毛巾包覆保溫
24小時。

10 經過24小時後，皂糰變成透明的
狀態，即代表已經皂化完全。若
皂糰還是呈現不透明狀，請放置
陰涼處兩個星期。

11 等皂糰透明後，可以捏一小塊皂
糰放入水中稀釋，用試紙測試pH
值，如果pH值在9以下，便可稀
釋成液體皂使用。

12 在容器中裝好室溫水（建議是純
水或是煮開後的水），將皂糰
捏成小塊後置入容器中，靜置約
5～8小時。

　　Tips 溶解皂糰的水量，為皂糰
總重量的2～2.5倍，大約每100g
的皂糰，需以200～250g的水來
稀釋。

13 皂糰完全溶解後，再加入3.5g精油，攪拌均勻後裝入慕絲瓶即可使用。

　　Tips 精油總量不要超過皂糰加水總重量的1%，也可自由替換其他喜歡的精油。

ROSEMARY

迷迭香
洗髮精

清爽去屑，強健髮根

椰子油的皂化速度快、起泡度高且泡沫細緻濃密，是製作液體皂的主要油脂成分。

這一款洗髮精精油的調配是以去屑為主要功能，迷迭香精油可以有效改善頭皮屑，刺激毛髮生長，讓頭髮變得更強韌；苦茶油則是可以消炎殺菌，對於改善頭皮毛囊發炎的效果非常顯著，還能讓頭髮保持烏黑亮麗。

很多人剛開始使用自製洗髮精時可能會不大習慣，會感到過於乾澀，不過大約使用3～4星期就能完全適應，一旦習慣後就會愛上它的清爽洗感喔！

適合膚質	易頭皮癢、有頭皮屑困擾者
皂糰總重	約520～560g
使用方法	一般壓瓶

配方 material

油脂

椰子油 180g
苦茶油 60g
米糠油 60g

鹼液

氫氧化鉀 70g
純水 175g

複方香氛

維吉尼亞雪松 3g（約60滴）
迷迭香 3g（約60滴）
真正薰衣草 2g（約40滴）
胡椒薄荷 1g（約20滴）
檸檬 0.7g（約14滴）
岩蘭草 0.2g（約4滴）
陳年廣藿香 0.1g（約2滴）
◆複方香氛調和好後，請先放置於陰涼乾燥處，保存1～2星期後再入皂使用。

作法STEP BY STEP

A 準備

1　在工作檯鋪上報紙或是塑膠墊，避免傷害桌面，同時方便清理。戴上手套、護目鏡、口罩、圍裙等防護。

2　依照配方分別測量好油脂、氫氧化鉀、水的分量。

B 混合

3　將配方中的油脂混合後，加熱到85℃備用。

4　將氫氧化鉀分2～3次慢慢倒入裝有純水的量杯中，可用玻棒稍稍攪拌。

5　等到氫氧化鉀完全溶解，且鹼液溫度維持在70～80℃之間，即可將鹼液倒入步驟3的油脂中混合。

C 打皂

6　用打蛋器均勻且快速的攪拌，約3分鐘之後，改用電動攪拌器打至皂糰黏稠難以攪拌。

7　用湯匙繼續手動攪拌皂糰（約需3～15分鐘），直到變成攪不動的麥芽糖狀即可。

8　將皂糰放在鍋子裡，用保鮮膜封口保溫。

9　用毛毯或毛巾包覆鍋子，放入保麗龍箱中保溫1天到2個星期（視配方調整時間）；或是直接放到電鍋裡蒸煮3小時後插電保溫8小時，隔天再用毛巾包覆保溫24小時。

10　經過24小時後，皂糰變成透明狀，代表已經皂化完全。若皂糰還是不透明，請在陰涼處放置兩個星期。

11　等皂糰透明後，可以捏一小塊皂糰，放入水中稀釋，用試紙測試pH值，如果pH值在9以下，便可稀釋成液體皂使用。

12　在容器中裝好室溫水（建議是純水或是煮開後的水），將皂糰捏成小塊後置入容器中，靜置約8小時。

　　Tips　溶解洗髮皂糰的水量，為皂糰總重量的2倍，大約每100g的皂糰，需以200g水來稀釋。

13　皂糰完全溶解後，加入2.5～5g精油。

　　Tips　精油總量不要超過皂糰加水總重量的1%，也可自行替換其他喜歡的精油。

COCONUT OIL

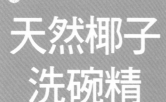

天然椰子洗碗精

天然配方，安心洗淨

市售清潔劑通常會添加化學起泡劑，如果清潔不淨而殘留於碗盤上，就會有安全上的疑慮。我們以容易起泡、且泡沫細緻濃密的椰子油，加上具有抗菌效果的尤加利精油，製成天然、無化學的洗碗精，相信使用起來會安心許多！

這款液體皂是100%的椰子油皂，剛打好的皂糰溫度會高達90℃左右，經過半小時的皂化溫度也還有75℃，務必要小心操作，做好安全措施避免受傷。

適合用途 清洗碗盤

皂糰總重 約520～560g

使用方法 一般壓瓶

Before　　　　After

▲難洗的茶垢，用天然的液體皂清洗，一下子就清潔溜溜呢！

配方 material

💧 **油脂**
椰子油 300g

💧 **鹼液**
氫氧化鉀 80g
純水 200g

🌿 **精油**
尤加利 2g（約40滴）
檸檬 3g（約60滴）

作法STEP BY STEP

1 在工作檯鋪上報紙或是塑膠墊，
避免傷害桌面，同時方便清理。
戴上手套、護目鏡、口罩、圍裙
等防護。

2 依照配方分別測量好油脂、氫氧
化鉀、水的分量。

3 將配方中的油脂混合後，加熱到
85℃備用。

4 將氫氧化鉀分2～3次慢慢倒入裝
有純水的量杯中，可用玻棒稍稍
攪拌。

5 等到氫氧化鉀完全溶解，且鹼液
溫度維持在70～80℃之間，即可
將鹼液倒入步驟3的油脂中混合。

6 用打蛋器均勻且快速的攪拌，約3分
鐘之後，改用電動攪拌器打至皂糰黏
稠難以攪拌。

7 用湯匙繼續手動攪拌皂糰（約需3～
15分鐘），直到變成攪不動的麥芽糖
狀即可。

8　將皂糰放在鍋子裡，用保鮮膜封口。

9　用毛毯或毛巾包覆鍋子，放入保麗龍箱中保溫1天到2個星期（視配方調整時間）；或是直接放到電鍋裡蒸煮3小時後，插電保溫8小時，隔天再用毛巾包覆保溫24小時。

10　經過24小時後，皂糰變成透明狀，代表已經皂化完全。若皂糰還是不透明，請在陰涼處放置兩個星期。

11　等皂糰透明後，此時可以捏一小塊皂糰，放入水中稀釋，用試紙測試pH值，如果pH值在9以下，便可稀釋成液體皂使用。

12　在容器中裝好室溫水（建議是純水或是煮開後的水），將皂糰捏成小塊後置入容器中，靜置約8小時。

> Tips　溶解家事皂糰的水量，為皂糰總重量的1～1.5倍，大約每100g的皂糰，需以100～150g的水來稀釋。

13　皂糰完全溶解後，加入5g精油。

> Tips　精油總量不要超過皂糰加水總重量的1%，也可自由替換其他喜歡的精油。

寵物抗菌洗毛劑

消炎止癢，有效驅蟲

這款寵物抗菌清潔液裡添加了苦楝油，苦楝油裡的苦楝素，有相當好的消炎止癢作用，還能有效驅蟲；苦茶油則具有養髮、護髮的效果，常用於洗髮皂的製作，對於寵物毛髮的養護也很棒！

椰子油是主要的清潔成分，所以長毛狗配方裡的椰子油比例會比短毛狗配方高，清潔力也較強，大家可依照家中寵物來選擇適合配方！

 適合用途　**寵物清潔**

 皂糰總重　**約500g**

 使用方法　**一般壓瓶**

▶毛髮較長的寵物，潤絲可用1000g的水加上10g木酢液，混合後淋上再沖洗即可。

配方 material

■ **短毛狗專用配方**

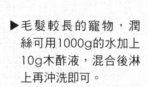 油脂

椰子油 150g
苦楝油 50g
苦茶油 50g
酪梨油 50g

鹼液

氫氧化鉀 69g
純水 173g

複方香氛

Miaroma 黑香草 10g（約200滴）

■ **長毛狗專用配方**

油脂

椰子油 180g
苦楝油 20g
苦茶油 30g
篦麻油 30g
橄欖紫草浸泡油 40g

鹼液

氫氧化鉀 70g
純水 175g

複方香氛

Miaroma 綠檀 10g（約200滴）

作法STEP BY STEP

1 在工作檯鋪上報紙或是塑膠墊，避免傷害桌面，同時方便清理。戴上手套、護目鏡、口罩、圍裙等防護。

2 依照配方分別測量好油脂、氫氧化鉀、水的分量。

3 將配方中的油脂混合後，加熱到85℃備用。

4 將氫氧化鉀分2～3次慢慢倒入裝有純水的量杯中，可用玻棒稍稍攪拌。

5 等到氫氧化鉀完全溶解，且鹼液溫度維持在70～80℃之間，即可將鹼液倒入步驟3的油脂中混合。

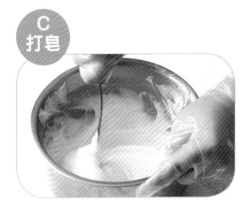

6 用打蛋器均勻且快速的攪拌，約3分鐘之後，改用電動攪拌器打至皂糰黏稠難以攪拌。

7 用湯匙繼續手動攪拌皂糰（約需3～15分鐘），直到變成攪不動的麥芽糖狀即可。

8 將皂糰放在鍋子裡，並用保鮮膜封口。

9 用毛毯或毛巾包覆鍋子，放入保麗龍箱中保溫1天到2個星期（視配方調整時間）；或是直接放到電鍋裡蒸煮3小時後，插電保溫8小時，隔天再用毛巾包覆保溫24小時。

E
測試

▲長毛狗配方皂糰

▲短毛狗配方皂糰

10 經過24小時後，皂糰變成透明狀，代表已經皂化完全。若皂糰還是不透明，請在陰涼處放置兩個星期。

11 等皂糰透明後，此時可以捏一小塊皂糰，放入水中稀釋，用試紙測試pH值，如果pH值在9以下，便可稀釋成液體皂使用。

F
製作

12 在容器中裝好室溫水（建議是純水或是煮開後的水，若是狗狗有皮膚問題可以將水改為木酢液），將皂糰捏成小塊後置入容器中，靜置約5～8小時。

Tips 溶解寵物皂糰的水量，為皂糰總重量的1.5～2倍，大約每100g的皂糰，需以150～200g的水稀釋。

13 皂糰完全溶解後，加入10g複方香氛。

Tips 建議不要使用寵物容易敏感的精油，大多數的木質氣氛如：檀香、岩蘭草這類分子較大的精油不易被寵物吸收，所以可以使用在寵物用液體皂中。

白茶玫瑰寵物香氛

不刺激的天然成分

 適合用途 寵物香氛

 成品重量 100g

 使用方法 一般噴瓶

想要讓狗狗身上香噴噴,可以自製寵物香氛噴灑。不過狗狗的嗅覺敏感,所以使用的材料需要慎選,像是茶樹、尤加利、丁香、香茅、柑橘等精油,含有寵物無法代謝的香氛分子,應避免使用。我選用Miaroma白茶玫瑰,當中的芳香成分不會刺激寵物,所以可以放心使用。

另外,為了減少酒精的刺激,所以我們只用了20%的酒精幫助揮發,自己DIY寵物香氛,用起來更安心,狗狗們也可以香香一整天喔!

作法STEP BY STEP

 A 準備 精油分散劑5g、Miaroma白茶玫瑰5g、濃度75%酒精20g、洋甘菊純露70g(也可以用純水替代)。

 B 作法

1　將精油分散劑和精油先混合均勻。

2　加入酒精後再加入純露或水。

　　Tips1 請按照步驟添加,香水才不會出現分層。

　　Tips2 如果加入過量的精油分散劑,做出來的寵物香水會有黏膩的感覺。

娜娜媽
小·教·室

寵物抗蚤噴霧

這款寵物抗蚤噴霧裡的木酢液具有殺菌效果；洋甘菊可以舒緩皮膚不適；真正薰衣草則有修護的功效，所以噴在寵物身上可以有保護作用，避免跳蚤寄生。

◆使用前請做肌膚測試，
　以免造成不適。

◆ 材料（成品100ml）
羅馬洋甘菊純露30g、真正薰衣草純露30g、木酢液30g、波本天竺葵精油10滴、真正薰衣草精油10滴。

◆ 作法
將全部材料倒入瓶中，混合均勻即可。

◆ 使用方法
使用時請避開寵物的耳鼻，避免刺激。

寵物萬用膏

寵物使用過多化學添加物的產品，容易導致皮膚發炎或生病。寵物如果有搔癢症狀，可以擦這一款萬用膏來舒緩不適症狀，但舒緩過後還是要帶牠們看醫生喔！

◆ 材料（成品25g）
苦楝油10g、酪梨油10g、橄欖乳化蠟5g（也可用蜜蠟替代）、羅馬洋甘菊精油1滴、真正薰衣草精油6滴、波本天竺葵精油3滴、廣藿香精油1滴。

◆ 作法
將全部材料隔水加熱，降溫後加入精油混合均勻就可以裝瓶，等待凝固後就可以使用囉！

◆使用前請做肌膚測試，
　以免造成不適。

◆ 寵物用品使用精油的注意事項

❶ 體型越小或患有糖尿病、癲癇、神經系統疾病以及代謝異常的寵物請以純露代替精油，並用真正薰衣草、羅馬洋甘菊純露為佳，避開肉桂（酚類）純露。

❷ 萜烯含量高的柑橘類、松針類精油，貓咪無法進行代謝；茶樹、香茅，誤食會造成中毒，皆需避免使用！

❸ 如果精油使用比例太高（安全劑量需控制在1%，寵物體型越小劑量需越低），或是在室閉空間使用，容易造成寵物有中毒的可能，需小心避免！

❹ 體型越小的寵物，精油添加的比例要越低。

PART 6 造型渲染皂

美麗圖紋，製皂好心情

不用特殊模型、皂章，
只需利用簡單的渲染技巧，
就能製作出獨一無二的美麗風格。

RED CLAY

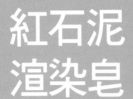

紅石泥渲染皂

蓬鬆泡泡，洗感舒適

適合膚質 **中性**

使用技法 **ㄇ字形＋ㄈ字形畫法**

INS硬度 **138**

這一款皂添加了杏桃核仁油、山茶花油，能帶來蓬鬆綿密的泡泡，擁有舒適的洗感。添加了珊瑚紅石泥粉，除了能為皂體帶來美麗的色澤之外，還具有輕微去角質、代謝肌膚舊角質的效果，讓皮膚滑潤有光澤，各種膚質皆適用。

這一款皂只運用了一種粉類的顏色，經過簡單的渲染技巧，就能形成豐富美麗的花紋圖案，也可自行搭配選用其他不同顏色的粉類材料進行渲染。

▶加入不同的粉類材料，就能製作出不同顏色的紋路。此皂款加入的是低溫艾草粉與芙蓉粉。

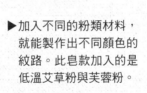

配方 material

油脂

椰子油 105g
棕櫚油 210g
山茶花油 140g
杏桃核仁油 175g
澳洲胡桃油 70g

鹼液

氫氧化鈉 102g
母乳 235g

複方香氛

芳樟 7g（約140滴）
波本天竺葵 7g（約140滴）

添加物

珊瑚紅石泥粉 1～3g
（視個人喜好深淺添加）

作法STEP BY STEP

1 將235g的母乳製成冰塊備用。

2 將步驟1的母乳冰塊置於不鏽鋼鍋中，再將102g氫氧化鈉分3～4次倒入（每次約間隔30秒），同時必須快速攪拌，讓氫氧化鈉完全溶解。

3 將配方中的油脂全部量好混合。

Tips 秋冬時，椰子油和棕櫚油等固態油脂須先隔水加熱後，再與其他液態油脂混合。

4 用溫度計分別測量油脂和鹼液的溫度，二者皆在35℃以下，即可混合。

5 先將鹼液過篩，檢查是否還有未溶解的氫氧化鈉，再與油脂混合。

6 持續攪拌直到皂液變成light trace（但不用到像畫8那麼稠喔）。

7 將複方香氛倒入皂液中，再持續攪拌300下。

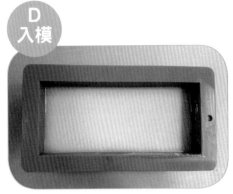

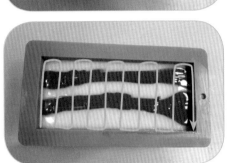

8　將約1000g的原色皂液分成800g和200g，先將800g皂液倒入模子內（約八分滿）。

9　將另外200g皂液加入過篩後約1～3g的珊瑚紅石泥粉，攪拌均勻備用。

10　將紅石泥粉皂液倒入已入模的原色皂液中。抓好適當間距，平均的倒入，形成兩條色線。

Tips　兩條色線的粗細度盡可能相同，可分兩次進行，如果第一次的粗細不一，可於第二次調整。

11　利用筷子從模具短邊邊緣開始，連續畫「ㄇ字形」，盡量保持均等的距離。

Tips　手上備好一張衛生紙，抽出筷子時能及時擦拭，保持乾淨。

12　接著再用筷子沿著模具長邊邊緣，進行「ㄈ字形」畫法，就能形成美麗的花紋。勾勒線條時，盡量保持相同的距離。

13　大部分的手工皂隔天就會成型，不過油品不同會影響脫模的時間，建議放置約3～7天再進行脫模。

14　脫模後，置於陰涼處晾皂，約4～6星期後再使用（使用前可用試紙測試pH值，若在9以下代表皂化完成，可以使用）。

CAMELLIA OIL & AVOCADO OIL

苦茶酪梨
洗髮皂

流線造型，充滿驚喜

| 適合膚質 | 中／乾性 |

| 使用技法 | Z字形畫法 |

| INS硬度 | 147 |

這一款皂是利用綠色的低溫艾草粉、咖啡色的可樂果粉，製造出美麗的花紋。可樂果粉外觀為紅棕色，入皂後，呈現暗褐色，我常用於洗髮皂中，可以改善落髮、促進頭髮增生。

很多人看到這一款極具流線感的手工皂，都很好奇如此自然又不生硬的紋路，是如何形成的呢？其製作重點在於勾勒線條後，輕輕旋轉皂模，皂液就會像波浪般舞動。看似複雜的花紋，其實只是運用簡單的小技巧就能完成，這也是手工皂迷人又好玩的地方之一，總是能帶來不同的驚喜。

▲直切或橫切，能欣賞到不同的花紋變化，大家可以試試看喔！

配方 material

💧 油脂

椰子油 210g
棕櫚油 140g
乳油木果脂 70g
酪梨油 140g
苦茶油 140g

💧 鹼液

氫氧化鈉 106g
母乳 244g

🧴 複方香氛

紅檀雪松 7g
迷迭香 7g

🧪 添加物

低溫艾草粉 7g
可樂果粉 7g

作法STEP BY STEP

1 將244g的母乳製成冰塊備用。

2 將步驟1的母乳冰塊置於不鏽鋼鍋中，再將106g氫氧化鈉分3～4次倒入（每次約間隔30秒），同時必須快速攪拌，讓氫氧化鈉完全溶解。

3 將配方中的油脂全部量好混合。

Tips 秋冬時，棕櫚油、椰子油、乳油木果脂等固態油脂須先隔水加熱，再與其他液態油脂混合。

4 用溫度計分別測量油脂和鹼液的溫度，二者皆在35℃以下，即可混合。

5 先將鹼液過篩，檢查是否還有未溶解的氫氧化鈉，再與油脂混合。

6 持續攪拌，直到皂液變稠（但不用到像畫8那麼稠喔）。

7 將複方香氛倒入皂液中，再持續攪拌300下。

D
入模

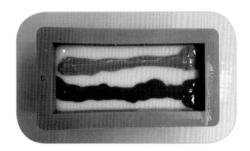

8 將約1000g的原色皂液分成600g和400g，先將600g皂液倒入模子內。

9 將400g的皂液分成兩杯各200g，並加入低溫艾草粉與可樂果粉，攪拌均勻。

10 將艾草粉皂液與可樂果粉皂液倒入已入模的原色皂液中。抓好適當間距，平均的倒入，形成兩條色線。

> Tips 兩條色線的粗細度盡可能相同，可分兩次進行，如果第一次的粗細不一，可於第二次調整。

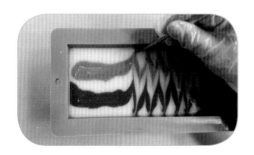
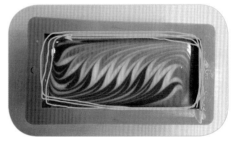

11 利用筷子，從模具短邊邊緣開始連續畫Z字形，盡量保持均等的距離。

> Tips 手上備好一張衛生紙，抽出筷子時能及時擦拭，保持乾淨。

12 用筷子沿著模子的邊緣連續畫8～10圈，就可以看到兩種顏色的皂液逐漸產生美麗的花紋。

E
脫模

13 大部分的手工皂隔天就會成型，不過油品不同會影響脫模的時間，建議放置約3～7天再進行脫模。

14 脫模後，置於陰涼處晾皂，約4～6星期後再使用（使用前可用試紙測試pH值，若在9以下代表皂化完成，可以使用）。

147

ASIATIC WORMWOOD

艾草淨身皂

一種粉材，三色效果

相信嗎？這一款看似繁複的渲染皂，竟然只利用一種粉類材料就能完成。綠色的低溫艾草粉隨著加入劑量的多寡，就能夠呈現出深淺不同的色調，再搭配上原色皂液，即能創造出三色效果。

這款配方中，以椰子油、棕櫚油為基礎用油，再加入起泡度穩定、具有高滋潤度的橄欖油，帶來保濕效果；杏桃核仁油含有豐富的礦物質、維生素，能改善肌膚發炎、脫皮等問題；澳洲胡桃油的成分與皮膚油脂接近，高保濕度能延緩肌膚老化。

適合膚質 中性／乾性

使用技法 旋轉渲染法

INS硬度 136

配方 material

◊ 油脂

橄欖油 210g
椰子油 105g
棕櫚油 140g
杏桃核仁油 140g
澳洲胡桃油 105g

◊ 鹼液

氫氧化鈉 101g
牛乳 233g

複方香氛

草本香茅複方環保香氛 14g

添加物

低溫艾草粉 3g、7g

作法STEP BY STEP

A 製冰

1 將233g的牛乳製成冰塊備用。

2 步驟1的牛乳冰塊置於不鏽鋼鍋中，再將101g氫氧化鈉分3～4次倒入（每次約間隔30秒），同時快速攪拌，讓氫氧化鈉完全溶解。

B 融油

3 將配方中的油脂全部量好混合。

> **Tips** 秋冬時，椰子油、棕櫚油等固態油脂須先隔水加熱後，再與其他液態油脂混合。

4 用溫度計測量油脂和鹼液的溫度，二者皆在35℃以下，即可混合。

C 打皂

5 先將鹼液過篩，檢查是否還有未溶解的氫氧化鈉，再與油脂混合。

6 持續攪拌，直到皂液變稠（但不用到像畫8那麼稠喔）。皂液不能打得太濃稠，以免進行後面步驟時，皂液不易旋轉推開。

7 將複方香氛倒入皂液中，再持續攪拌300下。

8 將160g的原色皂液加入3g的低溫艾草粉攪拌均勻，形成淺綠色皂液；將另一杯160g的原色皂液加入7g的低溫艾草粉攪拌均勻，形成深綠色皂液；將320g原色皂液倒入量杯中備用。

9 先將剩下約360g的原色皂液倒入模型中，並需在模子底下放一張紙或是盤子，方便之後進行旋轉。

10 按照深色→原色→淺色→原色→深色→原色的順序，分別將皂液倒在模型的同一角，形成不斷擴大的半圓形。

11 以同樣的方式，將皂液倒在模型的對角。

12 旋轉模型下方的紙或是盤子，旋轉時請依單一方向進行，旋轉至喜歡的線條即可。

> **Tips** 旋轉時請小心輕柔，以免皂液濺灑。

E 脫模

13 大部分的手工皂隔天就會成型，不過油品不同會影響脫模的時間，建議放置約3～7天再進行脫模。

> **Tips** 脫模後，可以試試以不同的方向切皂，橫切與直切會呈現不同的美麗條紋喔！

14 脫模後，置於陰涼處晾皂，約4～6星期後再使用（使用前可用試紙測試pH值，若在9以下代表皂化完成，可以使用）。

CHARCOAL POWDER

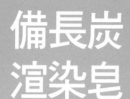

備長炭渲染皂

分層＋渲染的
雙層美感

適合膚質 中／油性

使用技法 分層＋渲染

INS硬度 137

這款皂利用「分層」與「渲染」技法，撞擊出協調的美感，製作出色調溫潤又讓人一眼難忘的皂款。

眾所皆知，備長炭具有吸收油脂的能力，適合痘痘肌或油性膚質使用，是我愛用的粉類之一。極具顯色的備長炭能為皂帶來個性，尤其黑白對比色明顯時，特別能顯現出它的大器優雅，不過使用時要特別小心，下手過重讓黑色皂液過多時，不但不能展現俐落線條，還會顯得髒髒的，需特別留意。

配方 material

油脂
椰子油 140g
棕櫚油 210g
開心果油 140 g
杏桃核仁油 140g
米糠油 70g

鹼液
氫氧化鈉 103g
牛乳或是母乳 237g（2.3倍）

複方香氛
茶樹 7g（約140滴）
薄荷 7g（約140滴）

添加物
備長炭粉 7g

作法STEP BY STEP

A 製冰

1. 將237g的母乳製成冰塊備用。

2. 將步驟1的母乳冰塊置於不鏽鋼鍋中，再將103g氫氧化鈉分3～4次倒入（每次約間隔30秒），同時快速攪拌，讓氫氧化鈉完全溶解。

B 融油

3. 將配方中的油脂全部量好混合。

   Tips 秋冬時，椰子油、棕櫚油等固態油脂須先隔水加熱後，再與其他液態油脂混合。

4. 用溫度計測量油脂和鹼液的溫度，二者皆在35℃以下，即可混合。

C 打皂

5. 先將鹼液過篩，檢查是否還有未溶解的氫氧化鈉，再與油脂混合。

6. 持續攪拌，直到皂液變稠。

7. 將複方香氛倒入皂液中，再持續攪拌300下。

D 入模

8. 從約1000g的原色皂液中取出250g，再從250g中取出100g，並放入7g的備長炭粉攪拌均勻備用。

9. 將750g原色皂液倒入吐司模。

10. 將剩下的150g原色皂液倒回備長炭粉皂液中，來回畫幾下。

    Tips 攪拌備長炭粉皂液時，輕輕畫過即可，如攪拌過於均勻，會看不到白色紋路喔！

11. 將備長炭粉皂液輕輕倒入模型中，就能成為分層皂。倒入時，一手拿著刮刀，以減緩力道，可避免皂液混入原色皂液中。

E 脫模

12. 大部分的手工皂隔天就會成型，不過油品不同會影響脫模的時間，建議放置約3～7天再進行脫模。

13. 脫模後，置於陰涼處晾皂，約4～6星期後再使用（使用前可用試紙測試pH值，若在9以下代表皂化完成，可以使用）。

CHARCOAL POWDER

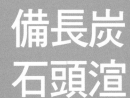

備長炭
石頭渲

黑白線條，典雅獨特

適合膚質 中／油性

使用技法 回鍋渲染法

INS硬度 141

　　渲染技法可以帶來千變萬化的皂款，一點也不假，這款石頭皂十分逼真，許多人第一眼看到它都感到十足驚奇。而且作法相當簡單，只要利用「回鍋渲」，將黑色備長炭皂液倒入原色皂液後，再倒進模型中，就能製造出石頭般的自然紋路。不過黑色皂液很容易吃色，記住維持5：1的比例，以免將白色皂液蓋掉。

　　以酪梨油為主要油品，它具有非常豐富的營養成分，還能帶來很好的清潔效果，適合敏感性肌膚、油性肌膚。特別選用了含有豐富維他命E的小麥胚芽油，帶來抗氧化的效果，對於乾燥肌而言，也是很好的保濕基底油。

配方 material

油脂
酪梨油 280g
椰子油 140g
棕櫚油 210g
小麥胚芽油 70g

鹼液
氫氧化鈉 103g
母乳 237g

複方香氛
史密斯尤佳利 7g（約140滴）
胡椒薄荷 7g（約140滴）

添加物
備長炭粉 3～7g
（視個人喜好深淺添加）

作法STEP BY STEP

1 將237g的母乳製成冰塊備用。

2 步驟1的母乳冰塊置於不鏽鋼鍋中，再將103g氫氧化鈉分3～4次倒入（每次約間隔30秒），同時必須快速攪拌，讓氫氧化鈉完全溶解。

3 將配方中的油脂全部量好混合。

　Tips　秋冬時，椰子油、棕櫚油等固態油脂須先隔水加熱後，再與其他液態油脂混合。

4 用溫度計測量油脂和鹼液的溫度，二者皆在35℃以下，即可混合。

5 先將鹼液過篩，檢查是否還有未溶解的氫氧化鈉，再與油脂混合。

6 持續攪拌，直到皂液變稠（但不用到像畫8那麼稠喔）。

7 將複方香氛倒入皂液中，再持續攪拌300下。

8 從約1000g的原色皂液中取出200g，並放入3～7g的備長炭粉攪拌均勻備用。

9 將備長炭粉皂液倒入原色皂液中，稍微攪拌一下即可入模。

10 建議使用單模製作，能帶來更多的線條變化。倒入皂液時要特別注意，皂液要以同一個方向來回倒入，不要讓黑色皂液占據太多面積。

11 大部分的手工皂隔天就會成型，不過油品不同會影響脫模的時間，建議放置約3～7天再進行脫模。

12 脫模後，置於陰涼處晾皂，約4～6星期後再使用（使用前可用試紙測試pH值，若在9以下代表皂化完成，可以使用）。

榛果回鍋渲染皂

無法複製的美麗渲染

 適合膚質 油性膚質

 使用技法 回鍋渲染法

 INS硬度 147

回鍋渲染皂可以輕鬆做出多種的渲染變化，切皂時能感受到它帶來的驚喜，每一個皂的切面都會因為顏色與線條不同，而呈現不同的樣貌，欣賞到各自的美麗，無法複製、也無法預期，這就是它迷人之處。

榛果油是不易酸敗的耐放油品，含有豐富的維他命和礦物質，具有很好的滋潤效果，也常用於乳液、護手霜、護唇膏中，是常見的保養品用油。加入白油，可以增加肥皂的硬度及起泡度。

配方 material

油脂
榛果油 235g
椰子油 140g
棕櫚油 210g
白油 105g

鹼液
氫氧化鈉 102g
冰塊 192g
牛乳或是母乳 48g

複方香氛
綠檀 14g（280滴）

添加物
藍色色粉 2～3g

作法STEP BY STEP

A
製冰

1 在192g的冰塊中，加入48g的牛乳或母乳。

2 步驟1的母乳冰塊置於不鏽鋼鍋中，再將102g氫氧化鈉分3～4次倒入
（每次約間隔30秒），同時必須快速攪拌，讓氫氧化鈉完全溶解。

B
融油

3 將配方中的油脂全部量好混合。

　Tips 秋冬時，椰子油、棕櫚油等固態油脂須先隔水加熱後，再與其
他液態油脂混合。

4 用溫度計測量油脂和鹼液的溫度，二者皆在35℃以下，即可混合。

C
打皂

5 先將鹼液過篩，檢查是否還有未溶解的氫氧化鈉，再與油脂混合。

6 持續攪拌，直到皂液變稠（但不用到像畫8那麼稠喔）。

7 將複方香氛倒入皂液中，再持續攪拌300下。

D
入模

8 從約1000g的原色皂液中取出200g，並放入2～3g藍色色粉，攪拌均勻備用。

9 將藍色皂液倒入原色鍋中，隨意攪拌兩下即可入模。

　Tips 藍色皂液要來回倒入，不要讓藍色皂液集中在某一區塊。

E
脫模

10 大部分的手工皂隔天就會成型，不過油品不同會影響脫模的時間，
建議放置約3～7天再進行脫模。

11 脫模後，置於陰涼處晾皂，約4～6星期後再使用（使用前可用試紙
測試pH值，若在9以下代表皂化完成，可以使用）。

生活樹系列038

30款最想學的天然手工皂（新配方修訂版）

作　　　者	娜娜媽
總 編 輯	何玉美
副總編輯	陳永芬
主　　編	紀欣怡
封面設計	萬亞雰
內文排版	果實文化設計工作室、張天薪、我我設計工作室、許貴華

出版發行	采實出版集團
行銷企劃	陳佩宜‧黃于庭‧馮羿勳‧蔡雨庭
業務發行	張世明‧林踏欣‧林坤蓉‧王貞玉
會計行政	王雅蕙‧李韶婉
法律顧問	第一國際法律事務所　余淑杏律師
電子信箱	acme@acmebook.com.tw
采實官網	www.acmebook.com.tw
采實臉書	http://www.facebook.com/acmebook01

I S B N	978-986-93319-4-4
定　　價	350元
初版一刷	2016年09月
初版六刷	2021年03月
劃撥帳號	50148859
劃撥戶名	采實文化事業股份有限公司
	104台北市中山區南京東路二段95號9樓
	電話：(02)2511-9798
	傳真：(02)2571-3298

國家圖書館出版品預行編目資料

30款最想學的天然手工皂 / 娜娜媽作. -- 初版. -- 臺
北市：采實文化, 2016.09
　面；　公分. -- (生活樹系列；38)
ISBN 978-986-93319-4-4(平裝)

1.肥皂

466.4　　　　　　　　　　　　　　105012538